JN104490

核のゴミ

「地層処分」は
10万年の安全を
保証できるか?!

古儀君男 kogi kimio
ジオサイエンスライター

合同出版

目次

第2章　日本と海外の取り組み

第3章 地層処分についての日本学術会議の回答と提言

第4章 10万年の安全!?

第5章 日本の地質の特異性

第6章　「科学的特性マップ」を考える

はじめに

2020年10月、北海道の寿都町と神恵内村が、核のゴミ処分場調査（文献調査）の受け入れを決定し、「地層処分」がにわかに注目をあびるようになりました。

今、原子力発電所の再稼働が大きな社会問題になっていますが、原発にはもう1つ深刻な問題があります。発電によって次々と生み出される大量の使用済み核燃料の最終処分をどうするかです。日本では再利用できるプルトニウムやウランを取り出して残った廃液をガラスに固めて処分する方式をとっていますが、この廃棄物には20秒で人を死に至らしめるほどの強い放射能が含まれます。しかも安全なレベルに下がるまで10万年の歳月を要するとされます。

原発を稼働すればするほど増え続ける使用済み核燃料。現在その量は、総重量で1万8000トン、再処理してガラス固化体にすると既存のものも含め合計2万5000本にも達します。

問題は高い放射能を帯びたこの固化体をどこに処分するかです。現在、政府は地下深くに埋める

「地層処分」方式を採用するとしていますが、具体的な場所はまだ決まっていません。地盤の安定性に加え10万年もの長期にわたって安全に保管できるのかなど、難しい問題があるからです。それだけに地元や国民の間で合意を形成するのも容易ではありません。

政府は数年前に地層処分の可能性を示した「科学的特性マップ」を発表し、全国で説明会を開いています。地震や火山活動などが頻発する活発な変動帯に位置する日本で果たして安全な地層処分は可能なのか。避けては通れない困難な課題に私たちはどう向き合えば良いのか考えます。

古儀君男

第1章　地層処分とは

1　核のゴミと最終処分

核のゴミとは

原子力発電はウラン原子の核分裂に伴って発生する熱を利用して電気をつくる技術です。この核分裂の際に新たに様々な原子が生み出されますが、その中には強烈な放射能を帯びたものが含まれます。原子炉から取り出した使用済み核燃料棒からプルトニウムやウランを取り出して残った放射性物質を廃液として集め、液体ガラスと混ぜてステンレス容器の中で固めたものが「ガラス固化体」とよばれる核のゴミ（高レベル放射性廃棄物）です。

製造直後のガラス固化体の放射能はすさまじく、1時間に150万ミリシーベルトの放射線を発します。これは私たちが病院で受けるX線CTスキャン検査15万回分に相当し、たったの20秒で人を死に至らしめる強さです。50年後には20％にまで急激に減少しますが、その後減衰する速度はしだいに遅くなります（図①）。自然界にも放射線を出すウラン鉱石がありますが、ガラス固化体が自然のウラン鉱石と同じ放射線レベルに下がるまで10万年の歳月がかかるとされます（図①）。

図①　高レベル放射性廃棄物の放射線減衰曲線

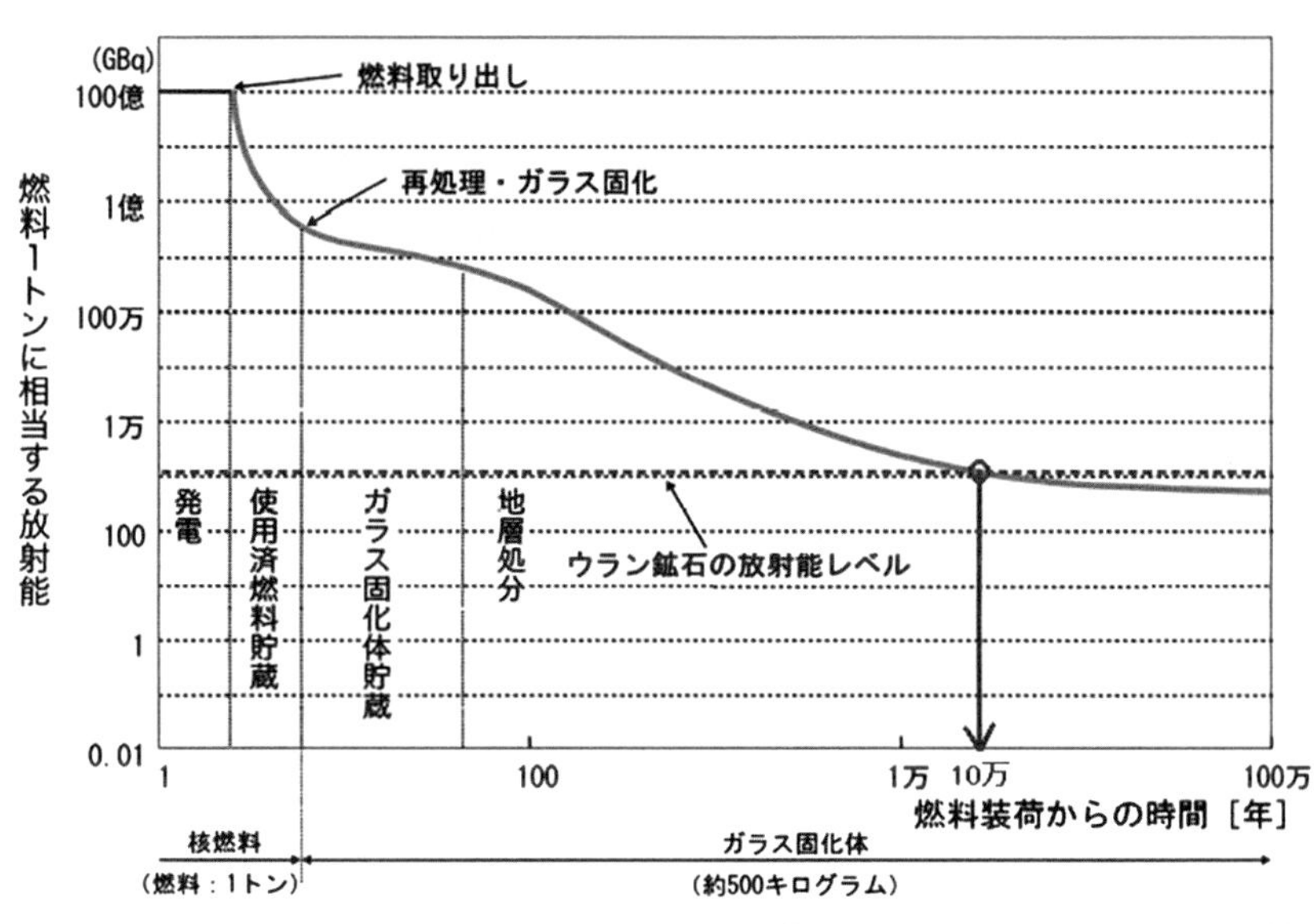

日本原子力文化財団「原子力・エネルギー図面集」の図を一部改変

最終処分の方法

そこでこの核のゴミ（ガラス固化体）を人や生き物に影響を及ぼさない状態になるまで超長期にわたって安全な場所に保管する必要があります。

この保管方法を巡って今まで世界中で様々な案が検討されてきました。いずれもできるだけ人の生活圏から遠ざけるという方法です。

①海洋・氷床処分　まず、最初は深海底や南極の氷の下などに沈めるという方法です。しかし長期にわたって安全が保たれる保証はなく、放射能が漏れると汚染が一気に地球規模に広がる懸念

があります。またロンドン条約や南極条約などの国際条約によって海洋、南極ともに廃棄物の投棄が禁止されており実現は困難です。

②宇宙処分　では宇宙の彼方へ放出するという方法はどうでしょうか。うまく行けば最良の処分となるかもしれませんが、もしロケットの打ち上げに失敗したり地球近傍で爆発したりすると最悪の地球汚染に発展しかねません。技術の信頼性に課題があり推奨されません。

③地上保管　残された方法としてどこか地上で長期にわたって保管し続けるか、地下深くに埋めるかのいずれかが考えられます。前者の地上保管の場合、10万年にわたって地震や津波、火山噴火、台風など様々な自然災害のリスクを回避して管理し続けなければなりません。また戦争やテロの危険性もあります。しかもこの方法は遠い未来の世代にも大きな負担を強いることになり、倫理的にも問題があるとされます。

④地層処分　そこで現在は、地下数百メートルより深い場所に核のゴミを埋める地層処分が最も有力な方法として具体的に検討が進められています。将来の回収を可能にする、しないの違いはあるものの今のところ原発をもつ国のすべてがこの地層処分を選択しています。

2　地層処分とは

事業主体NUMO

日本で地層処分の事業を中心となって進めている組織は、原発をもつ電力会社が出資する経産大臣の認可法人「NUMO（ニューモ）」です。NUMOとは、Nuclear Waste Management Organization of Japan（日本核廃棄物管理機構）の略称ですが、国内ではなぜか「原子力発電環境整備機構」とよばれ、何の組織かよく分からない名称になっています（145～146ページ）。

さてそのNUMOは、2017年に資源エネルギー庁が地層処分の適地可能性を示した「科学的特性マップ」を公表して以来、全国各地で地層処分の説明会を開き、詳しい資料を配付しています。

そこで、以下ではその資料と担当者の説明を元に地層処分の中身を検討します。ちなみにこの資料や説明会の映像はNUMOのホームページで閲覧することができます。

人工バリアの構築

図②は地層処分までの流れを示した図です。日本では原発から出る使用済み核燃料そのものを直接

図②　地層処分までの流れ

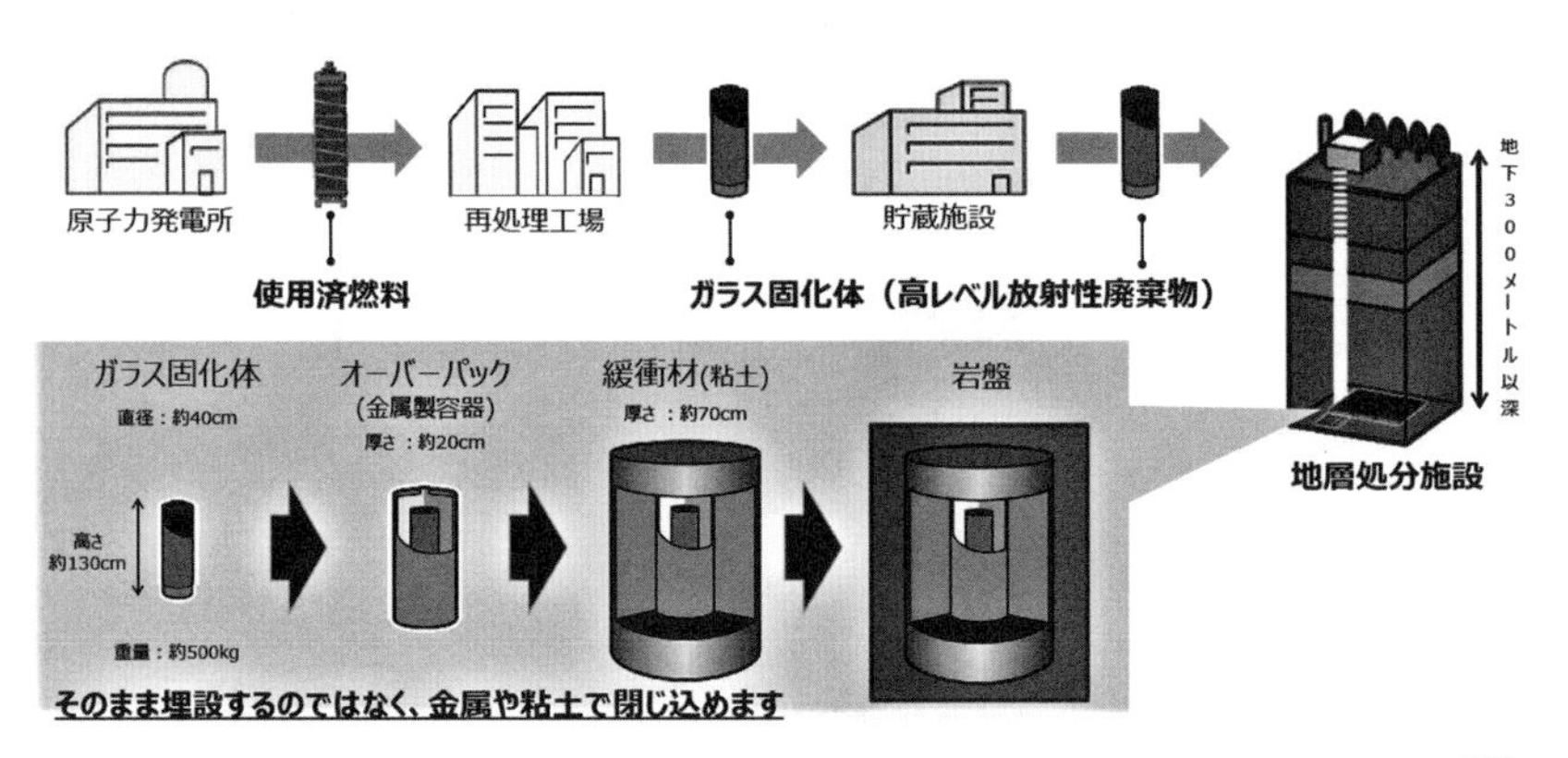

NUMOの資料

地層処分するのではなく、燃料棒に残っているウランやプルトニウムを回収し再処理したガラス固化体を処分する方式を採用しています。こうすることで使用済み核燃料が突然核反応を起こす危険性を取り除き、処分場の面積をより小さくすることができるとしています。具体的には海外（フランス、英国）や青森県の六ヶ所村の再処理工場などでガラス固化体を造ります。

製造直後のガラス固化体は非常に強い放射線と高熱を発するため移送には危険が伴います。そこで30年から50年ほどかけて280℃から100℃くらいに下がるまで、周囲に厚いコンクリートの遮蔽物を施した貯蔵施設で冷却保管します。

そして放射線量が当初の10分の1程度に下がったところでガラス固化体はオーバーパックとよばれる鉄合金（炭素鋼）の容器に入れられます。この容器には地下に

図③　地下処分施設のイメージ

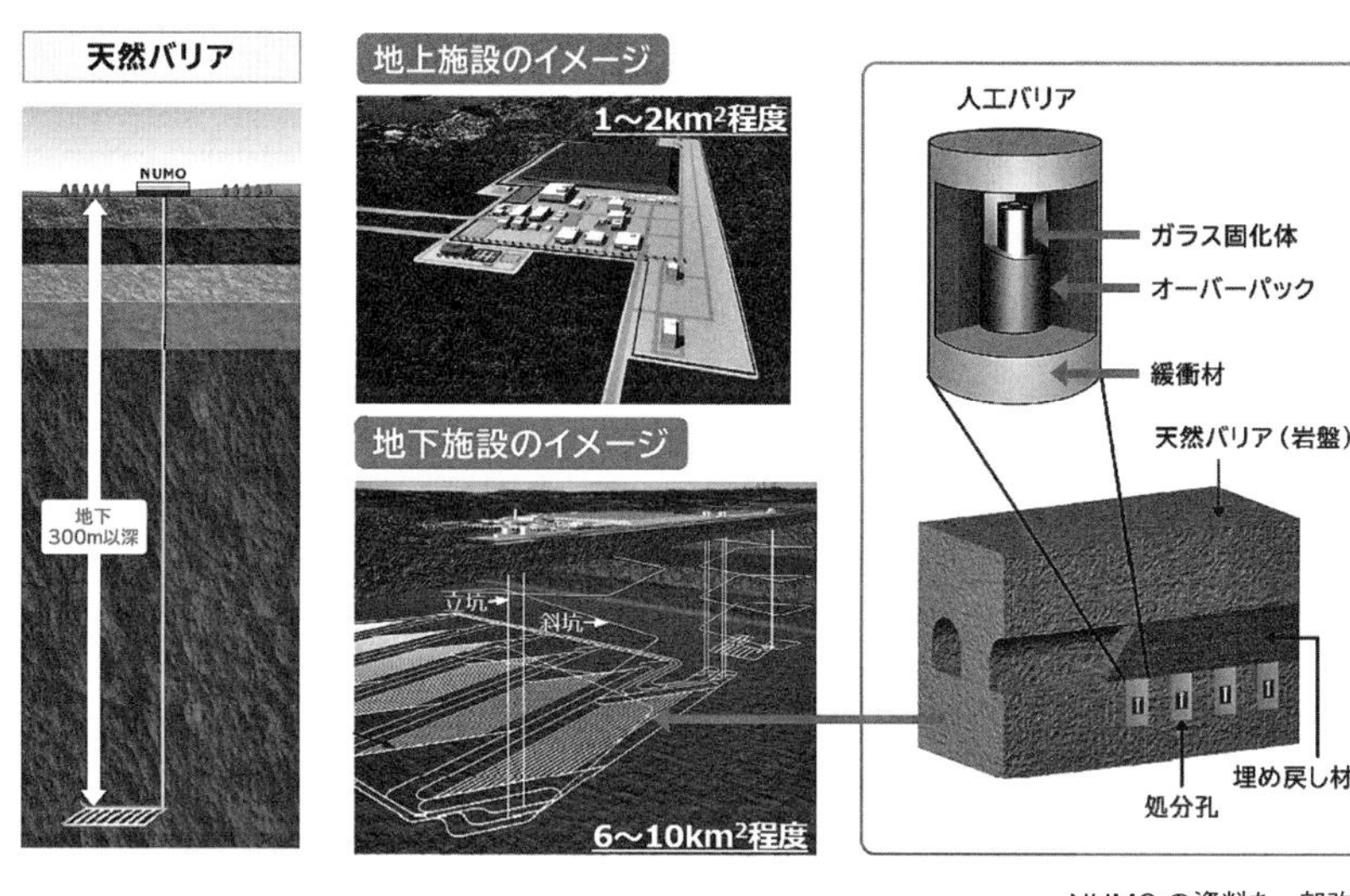

NUMOの資料を一部改変

埋設した後もガラス固化体が地下水と直接接触することを防ぐ機能があり、1000年程度の寿命を保つように設計するとされます。

ガラス固化体を入れたオーバーパックはさらに厚さ70センチメートルほどの緩衝材（かんしょう）で覆われます。この緩衝材は放射性物質を吸着し、水を吸うと膨張して水を通しにくくなるベントナイトとよばれる粘土鉱物からできています。

つまり、ガラス固化体↓オーバーパック↓緩衝材、と3重の人工バリアを構築し、核のゴミから放射性物質が環境に漏れ出すのを防ぐとしています。

なぜ地下深所なのか

次はいよいよ地下への埋設です。2020年現在では、その場所についてまだ何も決まっていませんが、法律によって特定放射性廃棄物（高エネルギーの放射線を出す原発のゴミ）は地下300メートル以深に埋めることが定められています。

ではなぜ地下300メートル以深なのでしょうか。

①まず地下深所は酸素が少ない還元状態にあることです。人工バリアの1つ、鉄合金のオーバーパックには酸化による腐食（いわゆるサビ）の懸念があります。しかし酸素が少ない地下では地上に比べて腐食しにくいという利点があります。

②埋設された核のゴミにとって最大の懸念は地下水です。放射性物質が地下水に溶けて地表までもたらされると私たちの生活環境が放射能で汚染されるからです。この地下水は一般には地下深くなるほど地層の圧密効果で流れが遅くなることが知られています。地下深所は水の循環が活発な地表に比べて有利、というわけです。

③さらに地下300メートルを超えれば人間の生活圏から遠くなり、人間社会からの影響を受けにくくなります。また、地震や火山の噴火、台風や洪水などの自然現象の影響も小さくなります。ちなみに地震の揺れは地下深所ではかなり小さくなり、地表の3分の1から5分の1程度とされています。また埋設物が岩盤と一体となって揺れることもガラス固化体の歪（ひず）みを小さく抑えます。

最終処分場

日本では地下の最終処分場は全国で1カ所造ることになっています。そこに総工費3兆8000億円をかけてガラス固化体4万本とその他の核廃棄物（TRU）を埋設する施設が建設されます。では最終処分場はどんな構造なのか、図③（19ページ）を見てください。NUMOが想定するイメージです。

ガラス固化体を埋める地下空間の広さはおよそ3キロメートル×3キロメートルの10平方キロメートル程度、羽田空港の敷地ほどの大きさです。坑道の総延長は200～300キロメートルと見込まれています。

そこに3重の人工バリアを備えたガラス固化体が1個1個独立した穴に埋められていきます。そしてすべての核廃棄物が埋められると、作業用に掘られた坑道はすべて埋め戻され完全に密封されます。

一方、処分場の上の地表にも1～2平方キロメートルの敷地に様々な施設が造られます。主なものとして、ガラス固化体に鉄合金のオーバーパックを施す施設、さらにその外側を取り囲むベントナイトの緩衝材を製造する施設、そして処分場全体の管理施設などがあります。これらの地上施設は地下の処分場の作業が完了し坑道が閉鎖されるとすべて撤去される予定です。

図④　地層処分事業の流れ

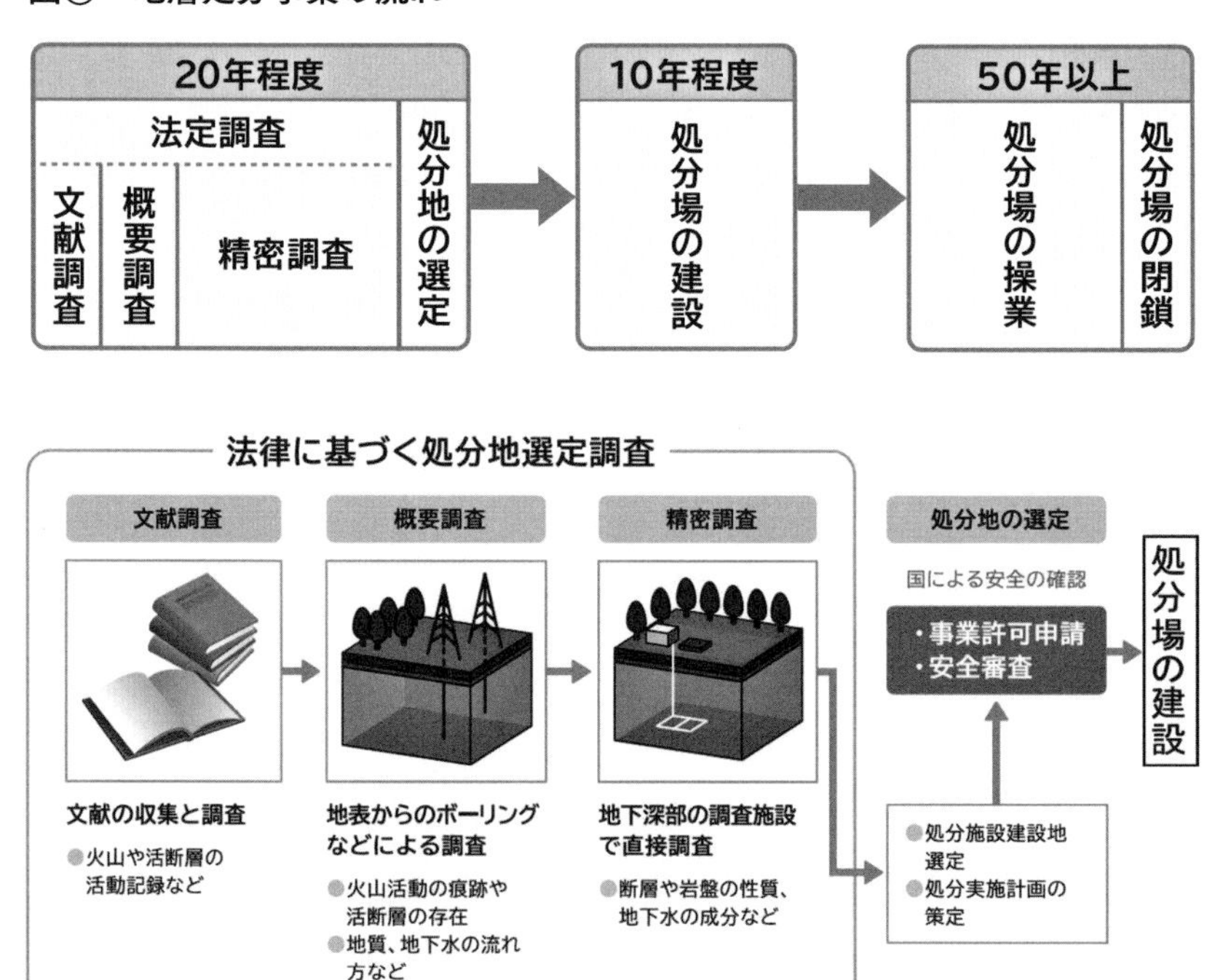

NUMOの資料を一部改変

100年かかる処分事業

原発から排出される核のゴミすべてを処分し終えるのには、非常に長い年月が必要です（図④）。

日本ではまだ最終処分場の候補地すら決まっていませんが、仮に受け入れ自治体が現れたとしても処分場として適切かどうか判定するのに20年程度は必要とされます。調査は3段階に分けて綿密に行われるからです。

第1段階は文献調査です。

日本には火山や活断層、地層岩石、鉱物資源など様々な地質関係のデータがあり、産総研地質調査総合センターや国土地理院、防災科研などの研究機関によってまとめられ、調査研究が進められています。また大学などの多くの研究者が様々な角度から調査研究した論文や文献があります。まずこうした既存のデータを集め、地質環境の適・不適がふるいにかけられます。

第2段階では、文献調査の結果、処分地として有望となれば次の概要調査に進みます。地盤の安定が確保できそうな場所を絞り、地表踏査や人工地震探査、ボーリング調査などによって地下の地質や断層、地下水など必要な調査が行われます。

第3段階は、最後の精密調査です。実際に坑道を掘って地下深くの断層や地層の状態、地下水の成分や流れ方など様々な詳しい調査が行われます。

こうした一連の調査を経て適地と判断され、事業許可が下りると処分場の建設が始まります。施設の建設は地下の広大な範囲に及ぶため10年程度はかかるとみられ、完成したところから順次ガラス固化体を埋めていくとしています。

しかし強い放射能を帯びたガラス固化体4万本を遠隔操作で1個1個慎重に埋めていくのは大変な作業です。1年に処分できるガラス固化体は約1000本。4万本すべて埋設するためには40年かかる計算になりますが、途中で事故など不具合が発生するとさらに延びると予想されます。

あわせて捨てられる長寿命の放射性廃棄物（ＴＲＵ）とすべてのガラス固化体の埋設が完了すると、作業のために掘られた坑道は埋め戻され、処分場は完全に封鎖されます。こうした作業だけで50年以上はかかると見積もられています。

ＮＵＭＯの想定では、製造されたガラス固化体の冷却に30～50年、処分地の調査・選定から建設、操業、閉鎖までに80年以上かかるとしており、同時並行で進む作業があるとしても全体で最低１００年はかかると思われます。地層処分は世紀の大事業です。

第2章　日本と海外の取り組み

1　日本の取り組み

日本における核のゴミ（高レベル放射性廃棄物）の処分を巡る取り組みをまとめておきましょう。

取り組みの経過

・1960年　日本初の商業用原子炉・東海原子力発電所の建設開始
・1966年　東海原子力発電所が営業運転を開始（16・6万キロワット）
・1976年　地層処分についての研究開始

運動開始から10年経って地層処分の研究を開始したことからも分かるように、日本の原発は高い放射能をもつ使用済み核燃料の処分の方法を具体的に決めないまま運転を始めました。そして未だに「トイレなきマンション」状態を続けながら原発の再稼働を推し進めています。

・1999年　核燃料サイクル開発機構が20数年間の研究成果をまとめ、報告書「地層処分研究開発第2次取りまとめ」を発表。地層処分の技術的信頼性が確認できたとしました。

・２０００年　「特定放射性廃棄物の最終処分に関する法律」が成立
研究を開始して24年、地層処分を事業としてスタートさせることが可能と判断され法律によって地層処分方式を決定。処分場は地下３００メートル以深に設置するとしました。

・２０００年　地層処分事業の実施主体ＮＵＭＯ（原子力発電環境整備機構）設立

・２００１年　北海道の幌延（ほろのべ）に「幌延深地層研究センター」を設置

・２００２年　岐阜県の瑞浪（みずなみ）に「瑞浪超深地層研究所」を設置
処分地として有望とされる泥岩層（幌延）と花こう岩（瑞浪）で地層処分についての具体的な基礎研究、技術開発が始まりました。

・２００２年　ＮＵＭＯが地層処分地の公募を開始
この公募を受けて全国10数の自治体の名前があがりましたが正式な応募には至りませんでした。

・２００７年　高知県の東洋町が全国で初めて正式に応募
しかし住民の圧倒的な反対を受けて選挙で反対派の町長候補が圧勝し、応募は取り下げられました。これ以降、10数年間、受け入れ自治体は現れませんでした。

・２０１２年　日本学術会議が地層処分政策の抜本的見直しを提言（44ページ）
地層処分地の公募を始めて10年。行き詰まり状態を受けて内閣府は日本学術会議に最終処分についての検討を依頼。学術会議は政策の見直しや幅広い討論の場の設置など6項目の提言を行いました。

・２０１５年　日本学術会議が暫定保管・モラトリアム期間の設置を提言（54ページ）

・２０１７年　資源エネルギー庁が「科学的特性マップ」を公表
マップの公表を受けてＮＵＭＯが全国各地で説明会を開催し始めました。

・２０２０年　北海道の寿都町と神恵内村が最終処分地の「文献調査」受け入れを決定。ＮＵＭＯが文献調査を開始しました。

深地層研究施設の設置

将来の地下処分場施設の建設に備え、日本では地下深所の地質環境の調査研究や処分技術開発のための研究施設が岐阜県と北海道の２カ所に造られました。

図⑤　瑞浪超深地層研究所と幌延深地層研究センターの位置と坑道

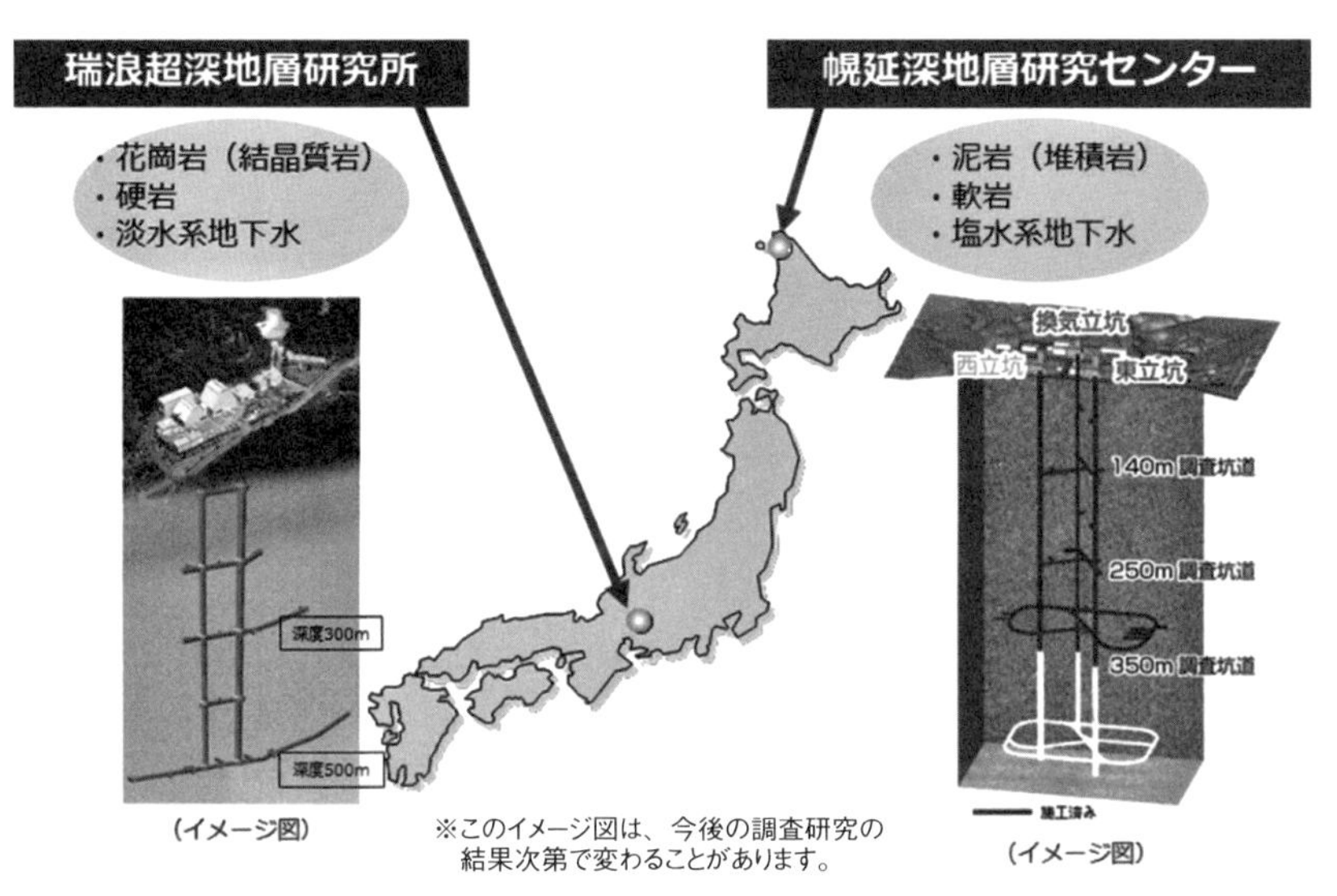

NUMOの資料

①瑞浪超深地層研究所

２００２年に岐阜県の瑞浪市で建設が始まった研究所。７０００万年前の中生代白亜紀の花こう岩に坑道を掘り、岩盤の状態や強度、地下水の流れ方や水質などを調べています。

花こう岩はマグマが地下深所でゆっくり冷え固まった岩石で非常に固く堅固なのが特徴です。石垣やビル壁などの建築材や墓石などによく使われ、処分場の候補になりうる岩石です。ただし建設当初の地元との約束で、ここが実際の処分場に転用されることはありません。２０２２年1月までに埋め戻して返還される予定です。

研究所では地下５００メートルまで立坑

を掘り、300メートルと500メートルでは横方向にも長い坑道を掘って詳しい調査が行われています（図⑤）。花こう岩は高温のマグマが冷え固まる時の収縮や地下深所から上昇する際の減圧で、様々な方向に割れ目が入りやすいという特徴があります。また近くには屏風山断層帯や阿寺断層帯など活断層もあります。実際に坑道で断層破砕帯が見つかり、地下300メートルでは割れ目がたくさん入り大量の湧き水が流れ出しています。500メートルになると割れ目は減りますが、それでも地下水は湧出しています。

地下施設は2020年1月まで一般に公開されていましたが、現在は坑道の埋め戻し作業が始まるため見学はできなくなりました。

②幌延深地層研究センター

北海道の宗谷岬に近い幌延町に建設された研究施設（図⑤）。2001年に設立されて以来、坑道の掘削は地下380メートルまで掘り進められ、地下140メートル、250メートル、350メートルの水平坑道で地層や地下水の状態、様々な工学試験が行われています。

坑道は290万～1300万年前（新第三紀）の比較的軟らかい泥岩層に掘られています。泥岩は粒子が細かく隙間が非常に小さいため地下水の流れが遅く、また展延性があるため、き裂を修復する効果が期待できます。また粘土質のものには放射性物質を吸着し易い性質もあります。しかし近くには活断層のサロベツ断層帯があり、坑道内を走る断層付近で発生した大量の湧き水とメタンガスが一時大きな問題になりました。

この施設も瑞浪の研究所と同じように地元との約束で処分場として使われることはありません。当初の予定より10年ほど延長されましたが、研究終了後は埋め戻すことになっています。

2 海外の取り組み

世界最先端をゆくフィンランド

5基の原発を抱えるフィンランドは、地層処分の分野では世界で最も進んだ国です。処分地の選定に18年、設計から施設の建設、試運転まで20年。調査開始から40年近い歳月をかけて２０２０年からいよいよ核のゴミの埋設作業が始まります。オンカロ（「隠し場所」の意）とよばれる花こう岩からなるこの処分場はフィンランドの首都ヘルシンキの北西約２００キロメートルにあり、すぐ近くのオルキルオト原発の使用済み核燃料が再処理せずに埋設されます（図⑥、⑦）。

またこの処分場は、小泉純一郎元首相が福島第一原発の事故をうけて視察に訪れ、自らの政策を１

８０度転換し原発ゼロへと舵を切るきっかけとなった場所としても知られます。小泉氏のツイッターには次のように記されています。

「この処分場の扉を閉じるその時に『絶対扉を開けてはいけない』と何語で書いたらいいのか？　中に何があるか見ようとしてもいけない、掘り出してもいけない。何語で書いたらいいか悩んでいる」。千年、万年経った時に人類はフィンランド語、英語を読めるだろうか、というのです。

フィンランドの取り組みが進んでいる理由は、処分場をオンカロと決定する前に20年近い時間をかけて全土でサイト選定調査を実施して候補地を絞り、事業を進めるＰＯＳＩＶＡ（ポシバ）社と住民との間で十分な合意形成をはかり信頼関係を深めてきたことと合わせて、フィンランドの地盤の安定性があげられます。

フィンランドは国土のほぼ全域がバルト盾状地とよばれる先カンブリア時代の非常に古い岩石からなります。その多くは花こう岩や片麻岩（へんまがん）などの硬い岩石からできており地盤が安定しています（図⑦）。しかも火山は存在せず地震も小さなもの以外はほとんど起きず、日本のような自然災害の心配がない国です。懸念材料は氷期になると分厚い氷河で覆われて地盤が沈み、逆に間氷期になると現在のように氷河が溶けて軽くなった地盤が隆起することです。しかしその変化はゆっくり進行するため大きなリスクにはならないと考えられています。

図⑥　フィンランドとスウェーデンの処分場の位置

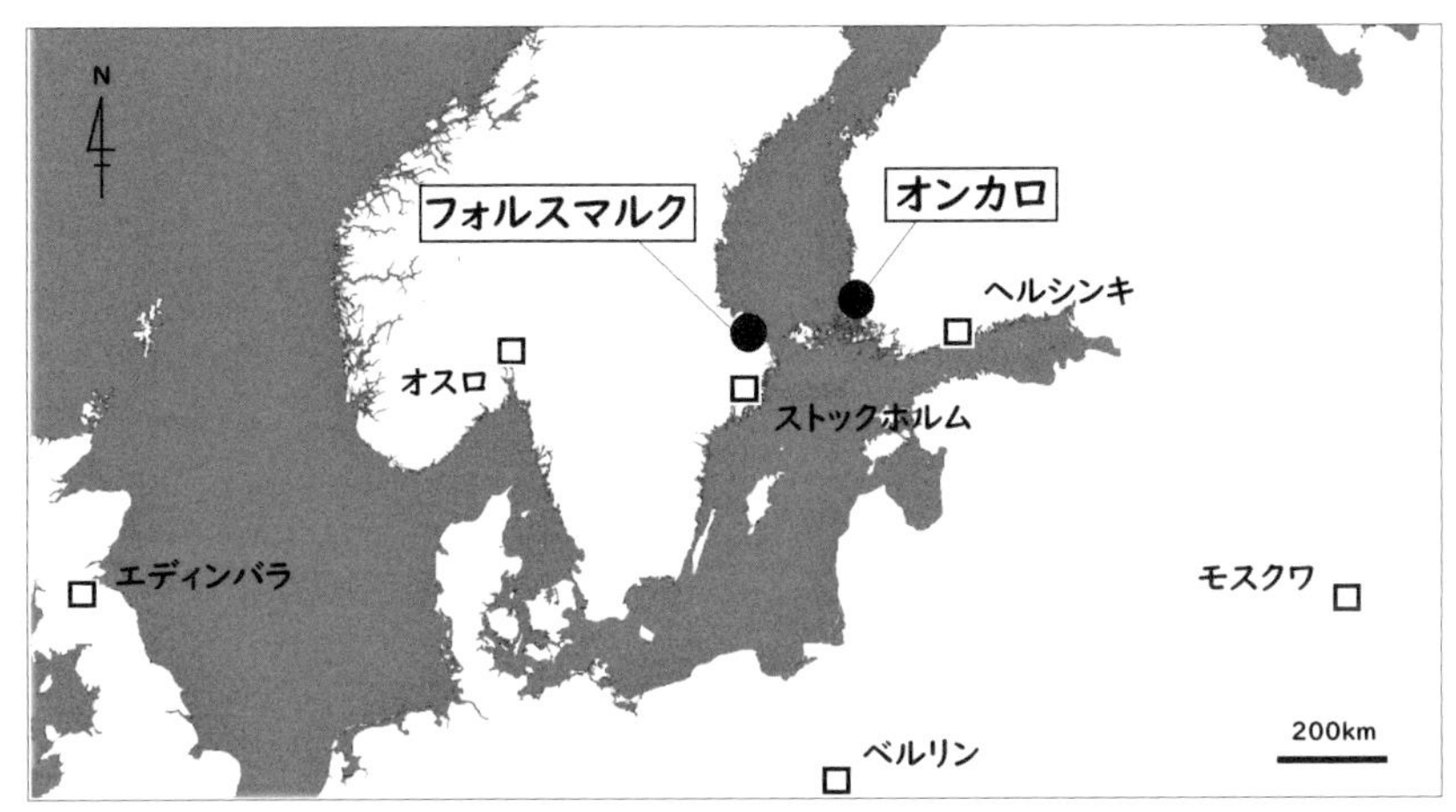

国土地理院「地理院地図」に加筆

図⑦　オンカロ処分場の坑道

Ⓒ Kallerna の写真をトリミング

高い合意形成に成功したスウェーデン

12基の原発を抱えるスウェーデンはフィンランドに次ぐ地層処分の先進国です。２００９年、最終処分場を首都ストックホルムの北１２０キロメートルにあるエストハンマル市のフォルスマルク原発隣接地に決定（図⑥）。現在、事業主のスウェーデン核燃料・廃棄物管理会社（ＳＫＢ社）が施設の建設を進めており、順調にいけば２０３０年頃には試験操業が開始されるはずです。

スウェーデンがここまで順調に進めてこられた1つの理由は、住民や議会の意向を重視した民主的な合意形成にあるとされます。特に地元のエストハンマル市では住民の８割が処分場の建設に賛成し、反対はわずか1割に過ぎないといいます。

そして地質の問題があります。フォルスマルクもフィンランドのオンカロと同じバルト盾状地にあって地盤が安定しており、約20億年前の古い結晶質岩からなります。処分場付近には大きな断層が走っていますが、この断層はノルウェーとの国境を南北に走るスカンジナビア山脈を形成した4億年前のプレート運動によってできたと考えられるものです。断層破砕帯から離れた場所では安定した大きな岩体を構成しており、処分場施設はこの岩体の地下５００メートルに予定されています。

このように岩盤の安定性という面からも処分場そのものに大きな懸念材料は見当たりません。スウェーデンもまたフィンランドと同じように氷河による荷重変化を受けますが、地下500メートルの処分場にはほとんど影響がないと考えられます。

かつて地層処分先進国だったドイツ

40基の原発を抱えるドイツは、2022年までにすべての原発を廃炉とする脱原発を基本政策とし、2031年頃の最終処分場決定を目指しています。

ドイツは1960年代から70年代にかけて中~低レベルの放射性廃棄物の試験的な地層処分が行われるなど、この分野では先進的な国の1つと見なされてきました。ところがアッセII処分場で想定外の重大事故が発生し、処分事業が大きく後退することになったのです。

アッセII処分場はベルリンの西約250キロメートルにあり、元は岩塩鉱山でした(図⑧)。岩塩は湖や海に溜まっていた海水が蒸発して塩分が堆積したものでドイツ国内には広く分布します。およそ2億6000万年前にできたものです。岩塩は熱を逃しやすく地下水も通しにくいため地層処分に適した岩石とされ、1967年から78年の間に地下500~750メートルの採掘跡にキャスクに詰めた中~低レベルの放射性廃棄物12万6000本が運び込まれました(図⑨)。

ところが2008年になって安定なはずの岩塩層に亀裂が入り、大量の地下水が流入してキャスク

図⑧　ドイツの核廃棄物関連施設と原子力発電所

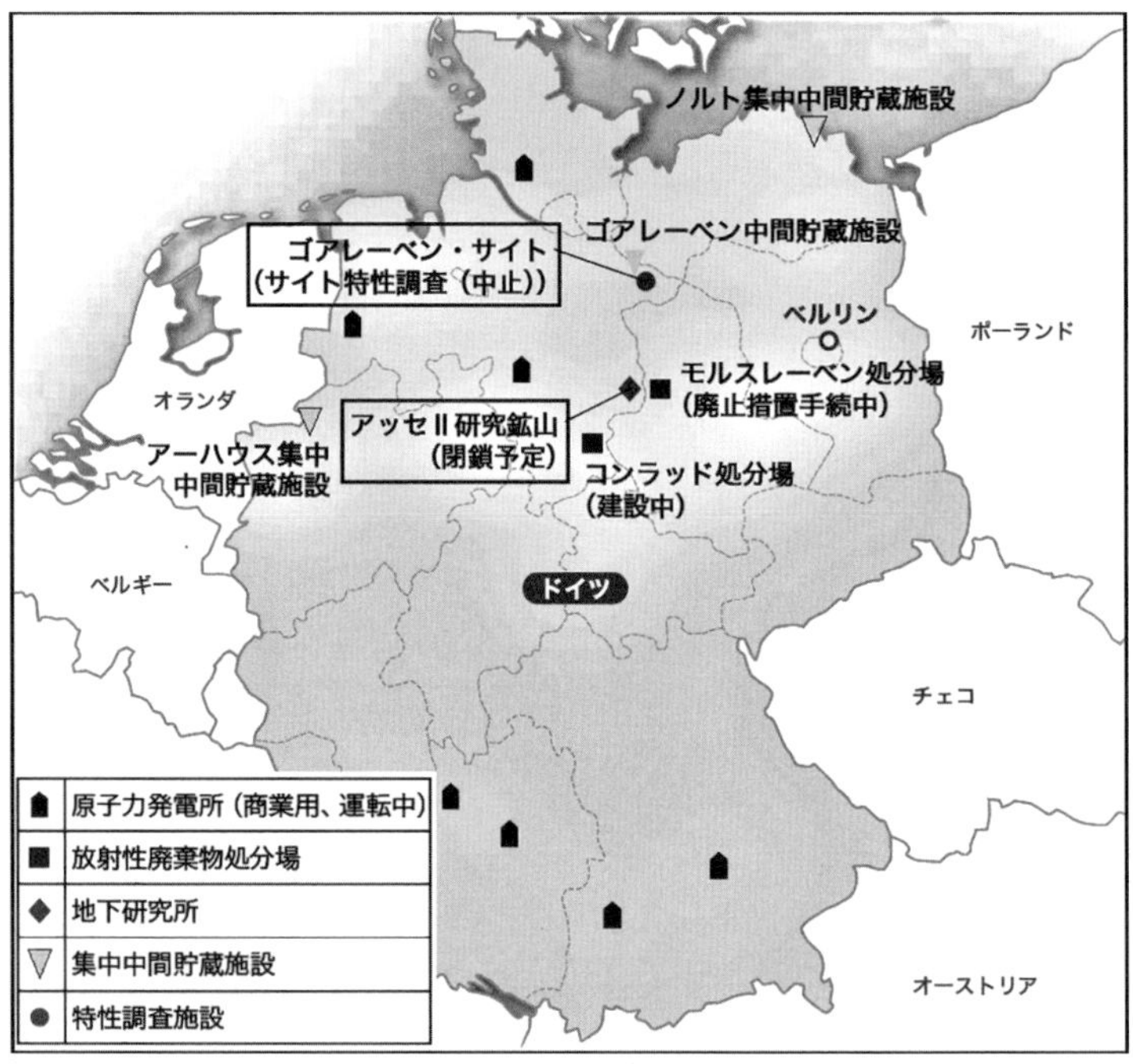

「諸外国における高レベル放射性廃棄物の処分について（2020 年版）」（資源エネルギー庁）を一部改変

図⑨　岩塩層に掘られたアッセⅡ処分場

© Stefan Brix

が水浸しになるという想定外の事態が発生。２０１２年にドイツ政府は処分場の閉鎖と核廃棄物の回収を決定しました。元々回収は想定されていなかったうえに非常に危険なプルトニウムが28キログラムも保管されており回収には大きな困難が伴います。もしプルトニウムなど放射性物質が地下水に溶け出したら極めて深刻です。

ドイツはこの事故によって地層処分政策の大幅な見直しに迫られました。同じ岩塩層で高レベル放射性廃棄物の最終処分地の有力候補として調査研究が進められてきたドイツ北部のゴアレーベンも調査活動のいったん終了を余儀なくされました（図⑧）。現在は２０１３年に制定されたサイト選定法に基づいて処分地の選定作業が進められています。２０３１年頃には処分地を決定し、２０５０年の操業開始を目指すとしています。

アメリカに次ぐ原発大国フランス

２０１９年現在、58基の原子炉が稼働するフランスはアメリカに次ぐ原発大国です。電力の71％が原子力で生み出され、一部は近隣諸国に輸出されています。また日本の使用済み核燃料の一部はラ・アーグの再処理施設でＭＯＸ燃料とガラス固化体に再処理され、再び日本で利用、保管されています（図⑩）。日本原燃の青森県六ヶ所村再処理工場はフランスの原子力総合メーカー・アレバ社と技術協

図⑩　フランスの核廃棄物関連施設と原子力発電所

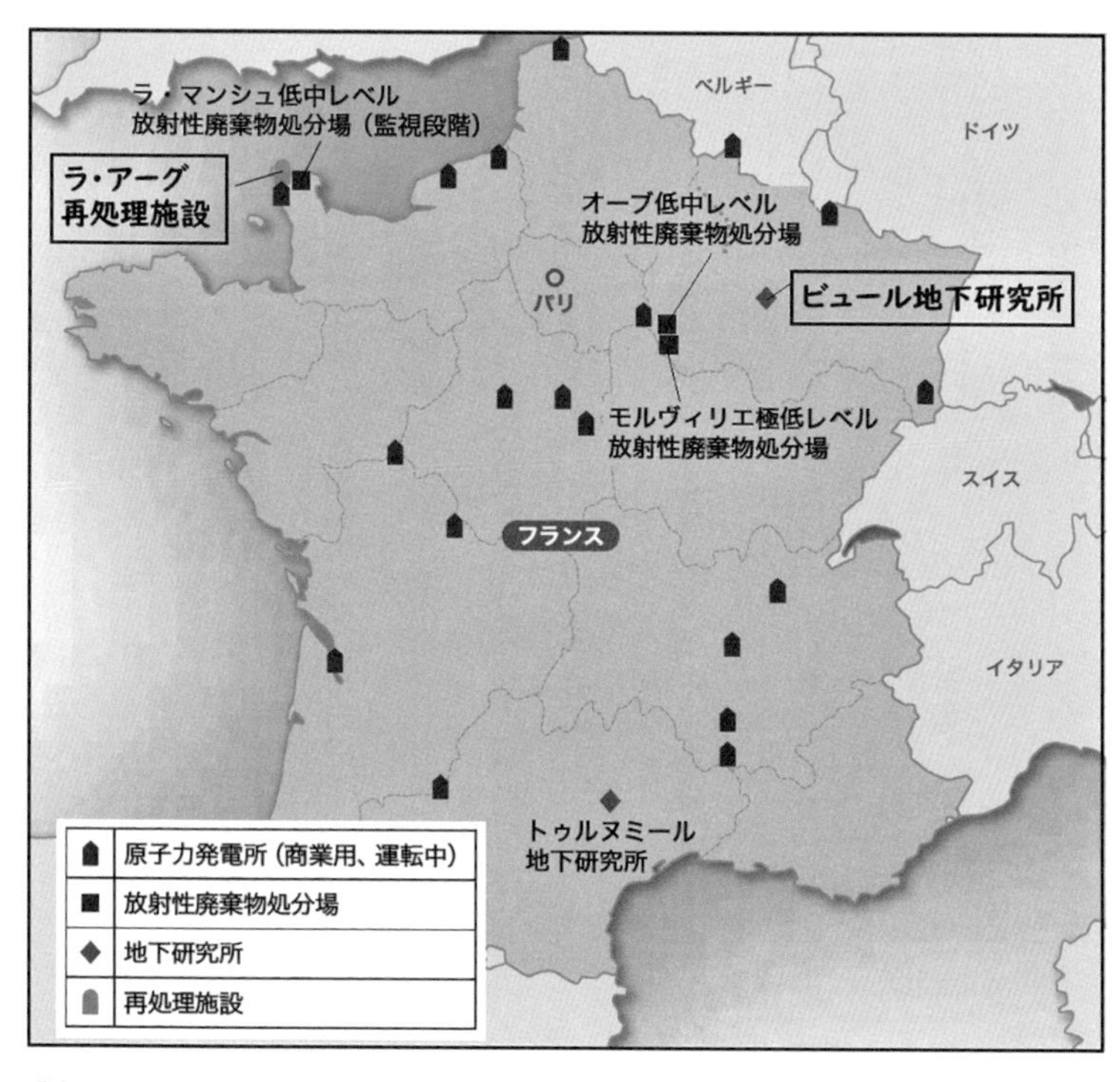

「諸外国における高レベル放射性廃棄物の処分について（2020年版）」（資源エネルギー庁）を一部改変

力関係にあります。

フランスの地層処分の特徴は「可逆性のある地層処分」です。つまり建設・操業途中の処分場設計の変更や一度埋めた核廃棄物の回収が可能となるように柔軟性をもたせ、将来世代に選択肢を残していることです。回収可能期間はすべての作業が終わって処分場が閉鎖されるまでの期間、少なくとも100年以上とされています。この間に核廃棄物の中から半減期の長い放射性物質を取り出して半減期の短い物質に換えるという核変換技術の開発が進められる予定です。

最終処分場の候補地とされるビュール村はパリ盆地の東端に位置し、首都パリの東およそ２００キロメートルにある人口わずか90人ほどの小さな村です（図⑩）。

この村で２０００年から建設が始まった地下研究所では、地下５００メートルまで坑道を掘り、地下水を通しにくい1億５０００万年前の粘土層を対象に地層処分の研究が行われています。処分場はこの研究所の近くに建設される予定です。フランス北部は火山や大きな地震もなく、地盤は比較的安定しています。

地層処分の事業を担うＡＮＤＲＡ（アンドラ）は２０２０年末に処分場設置許可申請を行い、２０３５年頃の操業（ガラス固化体の搬入）を目指すとしています。しかし十分な合意を得ないまま地元の自治体に巨額の助成金を交付し、見切り発車的に進められる事業に対して近隣の自治体を含めた住民や国民の間で根強い反対意見があり、このまま順調に事業が進むかどうか不透明な部分があります。実際にこれまで様々な反対運動があって、ビュール地下研究所以外の地層研究所のサイト選定調査が断念に追い込まれたり、ビュール処分場の作業計画自体も何度も繰り延べを余儀なくされたりしています。また福島第一原発の事故以後、国民の過半数が脱原発に転ずるなど、原発大国フランスにも大きな変化が起きています。

図⑪　アメリカの核廃棄物関連施設と原子力発電所

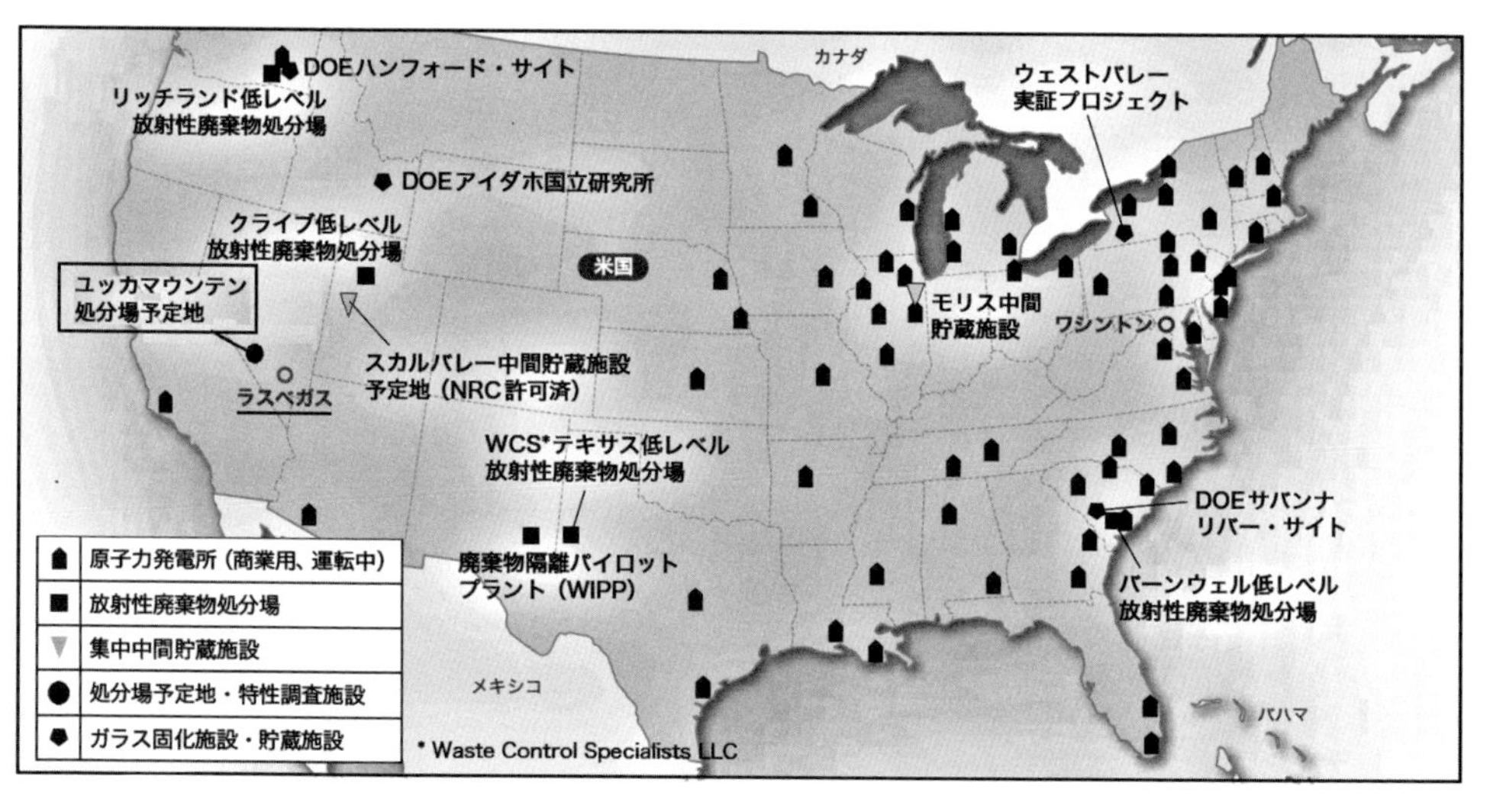

「諸外国における高レベル放射性廃棄物の処分について（2020年版）」（資源エネルギー庁）を一部改変

迷走する原発大国アメリカ

廃炉・建設中のものも含め140基もの原発を抱える世界一の原発大国アメリカが目指す最終処分場は、ネバダ州のユッカマウンテンにあります（図⑪）。ラスベガスの北西約160キロメートルの砂漠地帯にあるこの処分場の近くには、かつて大気圏や地下で実験を繰り返した核実験施設があります。処分場は地下200〜500メートルの深さに総面積5平方キロメートル、坑道の総延長64キロメートルの施設を建設し、使用済み核燃料とガラス固化体約7万トンが2048年から運び込まれる予定です。

処分場は火山灰が固結した1100万〜1

400万年前（新第三紀中新世）の溶結凝灰岩層からなり、7～8キロメートル西には7万5000年前以降に活動した比較的新しい火山が南北に並んでいます。また処分場周辺には南北に延びる断層が数多く見られます。火山の活動を引き起こしたマグマや断層の影響が懸念され、見た目にも決して安全な場所とは思えません。しかし地下水については砂漠地帯で雨量が少なく地下水面は500～800メートルと深いところにあるため、その影響は小さいとされています。

ユッカマウンテン処分場はエネルギー省（DOE）が事業主体となり、1987年以降、調査・建設が進められてきましたが、地質調査結果の偽造が発覚したり先住民や地元ネバダ州の強い反対にあうなどしたため、オバマ政権は2009年に計画の中止を発表しました。ところが2018年、トランプ政権になるとこの決定が覆りユッカマウンテンは再び最終処分場として建設が進められることになりました。

処分場の建設・操業は100年にも及ぶ大事業です。フィンランドやスウェーデンのような住民や国民の合意がないままの強引な見切り発車では政権交代のたびに政策が変更されるなど、さらに混迷する懸念があります。

第3章

地層処分についての日本学術会議の回答と提言

1　経過

政府は核のゴミの最終処分について、1976年から地層処分を柱にした研究と処分地の検討作業を始め、2002年からは全国の市町村を対象に応募をよびかけてきました。2007年になって高知県の東洋町が初めて正式に応募しましたが、議会と住民の反対によって撤回に追い込まれました。それ以後、正式に応募する自治体はなく処分地選びは行き詰まっていました。

そこで2010年、事態を打開するため内閣府の原子力委員会は日本学術会議に対して「高レベル放射性廃棄物の処分に関する取組み」、特に国民への説明や情報提供の仕方についての審議を依頼しました。

学術会議はこの依頼を受けて検討委員会を設置し、1年後の回答を目指し審議を開始しました。ところがその翌年の3月に東日本大震災が発生し、東京電力福島第一原子力発電所が深刻な事故を起こしたため、事業期間が長く大規模災害の発生確率が高まる地層処分において長期の安全が保障できるのかという疑問に向き合う必要が生じ、それまでの審議を大幅に見直しました。そのため回答を1年遅らせ、2012年9月に「回答・高レベル放射性廃棄物の処分について」と題した報告書を原子力委員会に提出しました。さらに2年半後の２０１５年にはこの回答で示した提言をより具体化した「提言・高レベル放射性廃棄物の処分に関する政策提言～国民的合意形成に向けた暫定保管」を公表しました。

日本学術会議は自然科学や人文・社会科学、工学など様々な分野の科学者の代表による、政府から独立した科学者の国会ともいうべき機関です。その検討委員会がまとめた報告書の現状分析や提案には説得力があり、事態を打開する展望が示されており今後の核のゴミ処分を考える指針となり得るものです。

2　日本学術会議の「回答」（２０１２年）

取り組みの視点

「回答」ではまず最初に、行き詰まっている地層処分の問題を検討する際の３つの視点を示しています（以下、枠内に示した回答文は少し表現を変えて分かりやすくしてある）。

(1) 合意形成がなぜ困難なのかを分析し、その上で合意形成への道を探る
(2) 科学の自律性の保障とその限界を自覚する
(3) 国際的視点を持つと同時に日本固有の条件を勘案する

(1)の指摘は当然のことですが、(2)の「科学の限界の自覚」と(3)の「日本固有の条件の勘案」は地層処分を考える上で重要な指摘です。10万年に及ぶ安全を確保・保障するという難題への対処には自ずと限界があります。科学技術への過信や都合の良い解釈を戒め、謙虚に取り組むことが求められます。

また、日本は諸外国にはない特殊な地質環境に置かれており、地層処分には特別な困難が伴います(第5章)。場合によっては法律を改正し、地層処分とは異なる方法を模索する必要がでてくるかもしれません。

合意形成の困難さの要因

地層処分の候補地選びが進展せず、社会的合意形成が極度に困難な理由を3点に整理、指摘してい

ます。

> (1) 原子力発電をめぐる大局的政策についての広範な社会的合意形成に十分取り組まないまま、最終処分地選定という個別的な問題への合意形成を求める逆転した手続き
> (2) 対処が困難な危険性の存在：超長期間にわたり汚染の可能性に対処する必要性
> (3) 大量の電力を消費する受益圏（大都市）と処分場候補となる受苦圏（周辺部地域）の分離

(1)で、合意形成の手続きが逆転している、とした厳しい指摘は諸外国の先進例に照らしても当を得た指摘です。原発の再稼働に国民の過半数が反対し脱原発を求めているにもかかわらず、政府は原発をベースロード電源に位置づけ推進する姿勢を取り続けています。また国民への丁寧な説明を口にしながら様々な疑問に対しまともな説明もしないまま、原発の再稼働と海外への輸出に突き進むようでは国民の信頼を得ることはできません。

地層処分の最先端をゆくフィンランドやスウェーデンが比較的スムーズに手続きを進めてきた背景には、紆余曲折を経ながらも（フィンランドは原発推進、スウェーデンは脱原発）、政府、事業者、国民や地元住民との間で原発政策全体について十分な時間をかけて合意形成を積み上げてきたことが

あります。１００年を要する大事業を交付金や様々な利益誘導策で釣るようなやり方で拙速に事を進めてしまうようなことがあると、かえって混迷を深めることになりかねません。

(2)の指摘にある高レベル放射性廃棄物の超長期に及ぶ封じ込めは極めて困難な課題です。特に日本のような特殊な地質環境下で超長期にわたる安全な地層処分が果たして可能なのか、汚染の可能性に対処することはできるのか、科学や技術の限界も踏まえながら慎重に検討する必要があります。もし千年、万年先に放射性物質が漏れ出し環境を汚染することがあったとしても今を生きる私たちが責任を取ることはできません。

(3)では最終処分場を受け入れる地域に苦難を強いる問題を取り上げています。これは今の原発立地圏と電力受益圏の関係と同じように、人口の少ない地方が電力を大量に消費する大都市圏の利益を生み出すために生じた危険な核廃棄物を受け入れる、という不条理の指摘です。

その乖離を埋めるために従来は多額の交付金を付与するなどの利益誘導が行われてきました。しかし「回答」ではこの手法はかえって住民や国民の反発を増幅し問題の解決を妨げるとし、電源三法の適応をやめるなどしたうえで受益圏、受苦圏の双方を含む国民的な議論が必要としています。

さらに「回答」は章を改め、合意形成を探るための具体的な方策として、最終処分に至る前に「暫定保管」という数十年から数百年程度のモラトリアム期間を設定し、段階的に合意を深めていくことを提案しています。こうした指摘や提案は次の６つの提言に反映されています。

６つの提言

(1) 高レベル放射性廃棄物の処分に関する政策を抜本的に見直すこと

処分場選びが各地で反対に遭い行き詰まっている現状を分析し、その原因が説明の仕方のレベルではなく、より根源的な次元の問題に由来することをしっかり認識するよう求めています。その上で、従来の枠組みをいったん白紙に戻す覚悟で政策を見直すよう迫っています。

(2) 科学・技術的能力の限界を認識し科学的自立性を確保する

地層処分の行き詰まりの第１の理由は、超長期にわたる危険性に対処しようにも現時点で得られる科学的知見には限界があること、としています。東日本大震災を想定できなかった経験がこのことを裏付けており、不確実性を考慮してもなお社会的合意を得られるような候補地を選ぶためには、自律性のある科学者集団による専門的な審議の場を確保し、最新の知見の反映と情報の公開などが必要、としています。

(3) 暫定保管と総量管理を柱とした政策の枠組みを再構築する

核廃棄物の暫定保管と総量管理の提案はこの「回答」の目玉の1つです。

暫定保管とは最終処分に至るまでの比較的長期（数十~数百年程度）にわたる一時的な保管のことです。その意義や方法については前の章で述べていますが、この「回答」の2年半後の2015年にも「提言」としてさらに詳しい内容を提案しています（期間は原則50年に変更）。

総量管理は原発から排出される最終的な核のゴミの総量を決め、総量の増加分を厳しく管理するというものです。つまり核のゴミを増やす原発の無制限な再稼働や増設を厳に戒めるものです。

この2つの提案の主旨は、事業の行き詰まりをもたらした第2の理由「原子力政策について国民的合意を得ないまま最終処分場の選定を進めるという逆転したやり方」を見直して十分な合意形成を進め、科学技術の更なる進展を期待するためのモラトリアム（猶予）期間を設けることにあります。

(4) 負担の公平性をはかるために説得力のある政策が必要である

これは行き詰まりの第3の理由「受益圏と受苦圏の分離」の問題を解消するための提案です。ここでは従来のような交付金という金銭的な手法を退け、科学的知見を反映した説得力のある対処を求めています。その例として、立地地域に政府や電力会社の一部機能を移転する、原子力・放射性廃棄物関係の大型研究拠点を設置するなどして多くの人々を集め従事させる、などが示されています。こうした政策によって地層の安定性の判断や保管施設の安全性に対する社会的な信頼が高まるとしています。

この提案の参考になるのがスウェーデンのフォルスマルク処分場です。ここでは早くから様々な施策が検討され、地元のエストハンマル市は単なる核のゴミ捨て場ではなくハイテク技術が集まる工業地帯として生まれ変わる、との前向きなイメージが市民と共有されたことが処分場の受け入れに重要だった（エストハンマル市長）としています。

(5) 討論の場を設置し多段階の合意形成をはかる

事態の改善のためには、広範な国民の間での問題意識の共有が必要であり、多段階の合意形成を進める必要がある、としています。そのために、様々なステークホルダー（利害関係をもつ人）が参加する討論の場を設けること、公正な立場にある第三者が討論をコーディネートすること、最新の科学的知見を取り入れること、合意形成の程度を段階的に高めていくこと、などを求めています。

しかし、この「回答」の後の２０１７年以降、全国で行われている地層処分の対話型説明会は事業主体のＮＵＭＯと資源エネルギー庁が主催しており、公正さや議論の進め方、内容などに問題があります。数年前の説明会では電力会社の社員や謝金を受け取った学生が動員されるなど意図的な操作が発覚し大きな問題になりました。

こうした不適切なやり方は主催者への不信感を生み、最終処分事業を遅らせることになります。「回答」が指摘するように第三者によるコーディネートを始め、民主的で公正な開かれた討論の場が必要です。

(6) 問題解決には長期的な粘り強い取り組みが必要である

放射性廃棄物の処分問題は、千年・万年の時間軸で考える必要があるため大きな不確定性を伴う。また民主的な手続きには、開かれた討論の場と十分な話し合い、そして丁寧な合意形成が必要、としています。実際に、取り組みが進んでいるフィンランドやスウェーデンなどの諸外国でも中長期にわたって粘り強く取り組み、段階的な意思決定を積み重ねています。

また問題の性質からみて時間をかけた粘り強い取り組みを覚悟する必要があるとして、限られたステークホルダーの間で合意形成を進め、これに経済的支援を組み合わせるような手法はかえって問題の解決を紛糾させ行き詰まりを生む、として厳に戒めています。多くの国民がこの問題の重要性と緊急性を認識することとあわせて、学校教育の中で次世代の若者たちの意識を高めていくことも提案しています。

3　日本学術会議の「提言」（２０１５年）

「回答」後の動き

２０１２年の学術会議の「回答」は様々なメディアで取り上げられ、核のゴミ問題への国民の関心が高まる一方で、政府は新たに複数のワーキング・グループを立ち上げ、最終処分政策の一定の見直しを始めました（※しかし後の２０１７年に「科学的特性マップ」をまとめることになる「地層処分技術ワーキング・グループ（ＷＧ）」は、経産省の総合エネルギー調査会のもとに設置され、「回答」が指摘したような自律性のある科学者集団による開かれた第三者組織にはなっていません。このＷＧのあり方を問題視した日本地震学会は、他の学会が経産省の依頼に応えて学会推薦の委員を派遣するなか学会推薦を見送りました。また日本活断層学会の委員は学会の推薦ではなく紹介、としています。審議に不可欠な地震学者のいないＷＧは異例とも言えそうです）。

「回答」の中で特に反響が大きかったのは「暫定保管」と「総量管理」の提案です。学術会議はさらに、政府などがこの提案を政策に反映しやすくするためにはいっそうの具体化が必要であるとしてフォローアップ委員会を立ち上げ、審議を継続しました。

「回答」から2年半後の2015年4月、学術会議はその検討結果をまとめた「提言・高レベル放射性廃棄物の処分に関する政策提言─国民的合意形成に向けた暫定保管」（以下「提言」）を新たに発表しました。

ただしこの暫定保管には、以前から行われている中間貯蔵との違いが分かりにくいという面があります。「提言」を具体的に検討する前に両者の違いを見ておきましょう。

暫定保管と中間貯蔵の違い

使用済み核燃料や再処理後のガラス固化体を一定の期間、特定の施設で管理・保管するという意味では、中間貯蔵と暫定保管は同じことのように思われます。しかし両者は目的がまったく異なります。再処理された直後のガラス固化体は高熱を発するためすぐには地層処分ができず、温度が一定程度下がるまで地上で30〜50年ほど冷却する必要があります。この中間貯蔵は、地層に埋設する前の処置を意味し、地層処分が前提です。

一方の「回答」が提起した暫定保管は、最終処分の安全確保に向けた様々な研究開発や国民の理解と合意形成を図るための時間を確保する目的で設けられるものです。いきなり地層処分に向かうのではなく、地層処分以外の方法も含めて様々な角度から問題の解決策を探るためのモラトリアム（猶予）

と位置づけられます。つまり暫定保管が終わる時が、最終処分が始まる時になる、というわけです。

核廃棄物の暫定保管と処分に関わる提言

その内容は大きく5項目・12の提言にまとめられています。以下に元の表現を少し変えてその要点を紹介します。

(1) 暫定保管の方法と期間

①保管の方法は安全性、経済性を考え乾式（空冷）で地上保管が望ましい。※電力は不要

②期間は原則50年とする。最初の30年で最終処分の合意形成と適地選定を行い、その後の20年で処分場の建設を行う。天変地異など不測の事態で期間の延長もあり得る。

(2) 事業者の発生責任と地域間の負担の公平性

③廃棄物の保管と処分ではそれを発生させた事業所の責任が問われる。また国民は受益者となっていたことを自覚し、公論形成への積極的な参加が求められる。

④暫定保管の施設は配電圏域内の少なくとも1カ所に電力会社の責任で建設する。場所は負担の公平性の観点から原発立地点以外が望ましい。

⑤暫定保管や最終処分地の選定、施設の建設と管理には、該当する地域と圏域の意向を十分に反映すべきである。

(3) 将来世代への責任ある行動

⑥核廃棄物を生み出した現世代の将来世代に対する世代責任を真摯に反省し、安全の確保と合わせ、暫定保管の期間を不必要に引き延ばしてはならない。

⑦原発の再稼働の判断は、新たに発生する廃棄物の量と暫定保管についての計画作成を条件とするべきである。計画なしの再稼働は将来世代に対する無責任を意味する。

(4) 最終処分場の候補地選びとリスク評価

⑧最終処分のための適地については、地質学的知見を吟味して全国くまなくリスト化し、国からの申し入れを前提とするだけでなく、自治体の自発的な受け入れを尊重すべきである。適地のリスト化は「科学技術的問題検討専門調査委員会（仮称）」が担う。

⑨暫定保管期間中に、異なる見解を持つ多様な専門家によって地層処分のリスク評価とその低減策を検討すべきである。とりまとめは「科学技術的問題検討専門調査委員会」が担う。

(5) 合意形成に向けた組織体制

⑩放射性廃棄物の問題を社会的合意の下で解決するために「高レベル放射性廃棄物問題総合

政策委員会（仮称）」を設置するべきである。その下に「核のごみ問題国民会議（仮称）」と「科学技術的問題検討専門調査委員会」を設置する。委員は様々な立場の利害関係者に開かれた形で選出する必要があるが、中核メンバーは原子力事業の推進に利害関係を持たない者とする。

⑪福島第一原発の事故で損なわれた原子力関係者に対する信頼関係を回復するために、市民参加に重点を置いた「核のごみ問題国民会議」を設置すべきである。

⑫暫定保管と地層処分の科学技術的問題の調査研究を徹底して行う諮問機関として、自律性、第三者性、公正中立を確保した「科学技術的問題検討専門調査委員会」を設置すべきである。

※この「提言」の中には2012年の「回答」で提案された「総量管理」の文言はありませんが、提言(3)の⑦で総量管理について言及しています。総量管理とは、原発の稼働によって排出される高レベル放射性廃棄物の総量に注目し、それを一定の水準に抑えることです。脱原発政策を取れば放射性廃棄物の総量の上限が確定できますが、現状のように無計画に再稼働を続ければ廃棄物は無制限に増大していくことになり、最終処分を巡る社会的合意形成を難しくします。原発再稼働をやめ、核廃棄物が無制限に増大していくことへの歯止めが必要です。

4　日本学術会議の「回答」に対する日本地質学会のコメント

日本地質学会の取り組み

放射性廃棄物の地層処分は地質環境に大きく左右されます。この問題に関わって、地質学や岩石学、火山学、地震学など様々な地質関連分野の研究者が集まる日本地質学会は、２００２年に「地質環境の長期安定性研究委員会」を設置し、日本の地質環境について検討を重ねてきました。

２０１１年、その結果を日本列島の地質、断層、火山などの項目ごとにまとめ、「日本列島と地質環境の長期安定性」と題したリーフレットとして発表しました。このリーフレットは、日本列島の成り立ちについての基礎情報を提供するとともに、地層の長期安定性評価をする際のアプローチの仕方を示しています。あわせて研究委員会は「変動帯である日本列島においても地層処分の安全性を担保できるような安定な地域が存在すること、また一方で日本には地層処分に適さない地域があることも確認してきた」としています。

こうした経過を踏まえて、２０１２年11月、日本地質学会は学術会議の「回答」に対してその見解をまとめ、「高レベル放射性廃棄物の地層処分について〜地質環境の長期的安定性の観点から」と題するコメントを記者発表しました。ただし、このコメントは研究委員会の委員と地質学会会長による6名連記で発表されており、学会全体としての統一見解ではありません。また今回のコメントの中でも、日本にも地層処分に適した安定な地域が存在する、と述べています。

こうした地質学会研究委員会の出版物や見解は、核廃棄物の処分問題の取り組みに少なからず影響を与えています。そこで以下、少し詳しくコメントの内容について検討します。

ちなみに、2017年に資源エネルギー庁が発表した「科学的特性マップ」は2011年のリーフレットが1つのベースになっています。またNUMOは研究委員会の見解と同じように「日本でも地層処分に適した地下環境が広く存在するとの見通しがある」との立場で処分地選定を進めています。

地層処分についての地質学会のコメント

A4用紙3ページからなるコメントは、1~3の3つの章から構成されています。以下、その章ごとにコメントの要点と著者の考えを記します。

1．はじめに

まず、最初に学術会議の報告書の要点と地質学会の取り組みを紹介しています。その中で学会の地質環境の長期安定性研究委員会の検討結果として「日本列島においても地層処分の安全性を担保できるような安定な地域が存在すること、また一方で日本には地層処分に適さない地域があることも確認してきた」と述べています。また今回のコメントは「学術会議の報告書に関連して、地質環境の長期的安定性の観点からの地層処分に対する見解をまとめたもの」とし、特に報告書の総量管理や暫定保管などの提案については地球科学的に検討すべき課題が多くある、としています。また「当学会としてもこうした検討に積極的に協力していく必要がある」と表明しています。

前の項でも記しましたが、地層処分の安全性を担保できる地域が日本にも存在する、というのが地質環境の長期安定性研究委員会の見解です。この見解はコメントの最後の章でも繰り返し述べられており、63ページ以降で詳しく検討します。

2. 暫定保管と最終処分について

この章で注目しているのは、暫定保管と最終処分、それぞれの適地選びです。暫定保管の安全性の確保については「数十年から数百年という長期間を考えると、地球科学的には実質的に最終処分と同様の検討がなされる必要がある」とした上で、地下に暫定的に保管するという考え方は「永久に埋設する地層処分と廃棄物を人間の届くところに置くかどうかという点以外は大きく変わるものではありません」としています。

そして暫定保管施設の適地を選定する際も、地震、火山、地殻変動などの影響を考慮する必要があることから、暫定保管は「地層処分におけるサイト選定と何ら変わらないことが求められる」と述べています。

ここでは暫定的な地下保管についての見解が詳しく述べられていますが、この章の冒頭にも記されているように、学術会議の「回答」では地上と地下の両方の保管例を示しているだけで、暫定保管＝地下保管としているわけではありません（※2015年の「提言」では、乾式の地上保管が望ましい、としています。また暫定保管の期間についても、原則50年と改訂されています）。

一方の地上での暫定保管についてはコメントされていませんが、この場合には地層処分で大きな障害となる地下水や地盤の隆起、鉱物資源などを考慮する必要はなくなります。地震、火山、洪水やテロなどを考慮する必要はありますが、電力を必要としない空冷の乾式保管であれば、地上保管の適地選定は地層処分と異なりハードルが低いと思われます。

3．長期的に安定な地層の有無と処分の実現性について

ここでは地層の長期安定性評価についての考え方を述べています。

まず「報告書の指摘の通り地層処分の研究開発を進める際には、『万年単位に及ぶ超長期にわたって安定した地層（岩体）を確認することに対して、現在の科学的知識と技術的能力では限界があることを明確に自覚』することが必要である」としています。

その一方で、２０１１年に出版した「リーフレットから変動帯である日本列島においても安定な地域が存在する一方で、日本のどこでも地層処分が可能ではないことを判読することが可能」としています。

そして日本の地質・地下環境について大学や様々な研究機関で研究を進めて成果を共有し、も

っと確度の高い将来予測を行うことと合わせて、地層処分にかかわる理学、工学、社会学の学会間の連携と透明性を維持し、客観的に議論のできる「認識共同体」が必要と述べています。

コメントの第3章（及び第1章）で重要と思われる点の1つは、日本列島でも地層処分の安全性を担保できるような長期的に安定な地層が存在する、という見解です。その根拠となったのは2011年発行のリーフレットでした。このリーフレットでは縮尺が記されていませんが、A3用紙1枚に日本列島を収めた4つの地図と簡単な説明文からなります（図⑫）。具体的には、日本列島の「地質図」、「活断層図」、「地温勾配・活火山分布図」、「隆起速度分布図」、の4種類です。

最終処分場は地下300メートル以深に10平方キロメートル程度の安定した地下空間を確保する必要があります。その範囲内では、地震や断層、火山、地熱、隆起・沈降（地殻変動）、さらに地下水などの影響が及ばない強固な地質（岩体）が求められます。

従って地層処分についての地質の適・不適の評価は、少なくとも5万分の1程度以上の大きな縮尺の精度の高い地質データに基づいて議論されるべきです。リーフレットの地図ではあまりにも縮尺が小さく、処分場全体の安定性が担保できる地域が実際に存在するかどうかの判断には使えそうにありません。リーフレットの作成には詳しいデータも検討されていると思われますが、リーフレットの地

図⑫　日本地質学会が 2011 年に出版したリーフレットの表紙

図からは分かりません。そして地層処分の適・不適の評価には、地表には現れていない活断層や割れ目の状態、地層の種類や状態、地下水なども含めて総合的になされるべきです（NUMOは概要・精密調査の段階でこれらを確認するとしている）。さらに2011年の超巨大地震では東日本の広範囲にわたって大きな地殻変動が観測されました（図㉝、㉞、133ページ）が、こうした急激な地殻変動をどう評価するのか、地層処分の安定性の観点から検討が必要だと思われます。

またコメント自らも述べているように、万年単位に及ぶ地層（岩体）の安定性を評価するには「現在の科学的知識と技術的能力では限界がある」ことからも現状では日本に「地層処分の安全性を担保できるような安定な地域が存在する」とは言い切れそうにありません。リーフレットは地層処分の適・不適の評価とは切り離し、今後のアプローチの方法を示す指針として利用されるべきです。

5 「地層処分」と「貯蔵」を巡る世代間倫理の問題

世代間の倫理

核のゴミ処分の問題は私たちの世代だけではなく、遠い未来の世代にも関わる深刻な問題でもあります。核廃棄物の半減期が非常に長く10万年もの長期にわたって安全に封じ込める必要があるにもかかわらず、今のところ確実に処分できる方法が見当たらないからです。だからといって私たちが生み出した負の遺産処理を未来の世代に押しつけることは倫理的に許されません。

この世代間の公正と倫理の問題は、学術会議の「回答」や「提言」の中でも触れられており、早くから特に核のゴミ処分の方法を巡って、科学者や技術者だけでなく倫理学者も議論に関わってきました。

もし地層処分によってこの先10万年間、核廃棄物が安全に保管されれば私たちの世代は責任を果たしたことになり倫理的に大きな問題は生じません。しかし、放射性物質が漏れ出し環境を汚染するような事態になれば未来の人たちに深刻な負担を強いることになり非倫理的といえます。

そこで取り出しの難しい地層処分ではなく、早期の事故対応が可能な範囲に核廃棄物を貯蔵する方法を検討すべきだとする意見もあります。しかしこの方法では未来の世代に管理をゆだねることになり、地震や火山などの自然現象に対しても脆弱という問題点があります。

こうした事情から「地層処分」と超長期の「貯蔵」の2つの処理方法を巡って、世代間の公正、倫理の観点からもその是非が議論されています。以下に2つの立場の議論の要点を紹介します（ただし世代の倫理を強調するあまり、電力会社や政府の発生責任が曖昧にされるようなことがあってはなりません）。

地層処分を支持する立場

この議論は経済協力開発機構／原子力機関（ＯＥＣＤ／ＮＥＡ）をベースに展開されています。ＯＥＣＤは放射性廃棄物の長期管理について検討する際には、「世代間と世代内の公平の確保」という原則が考慮されなければならない、として地層処分と超長期の貯蔵の２つの方法を比較検討し、地層処分の方が好ましいとしています。

・「貯蔵」は選択肢を残すことができるが、将来世代に長期にわたる監視・管理の責任を残すことになり、社会が不安定になれば貯蔵が軽視される可能性がある。

・地層処分は長期間人間活動から隔離できるため放射性廃棄物の処理として最も好ましい。将来世代への負担の軽減により世代間の公平の問題が解決できる。

・地層処分を選択しても数十〜百年にわたる取り組みの期間中に、世代間の利害関係、公平の問題の解決が可能である。また、事故などの問題があっても地層処分後の核廃棄物の回収も不可能ではない。

貯蔵を支持する立場

この立場に立った議論は「世代間倫理」の考え方をいち早く提唱したシュレーダー＝フレチェットを中心に展開されています。

・地層処分は安全性が実証されておらず、未来世代は脅威に不安を抱きながら生きることになる。
・未来世代が廃棄物のリスクを監視・把握し、それに対処できる方が世代間公平の理念に適う。「貯蔵」の方が事故に素早く対処し被害を最小限にすることができる。
・未来世代の潜在的インフォームド・コンセントの観点から地層処分は選択できない。事前の同意なしに深刻なリスクを他人に課すことは非倫理的である。

第4章

10万年の安全!?

地層処分された核のゴミが発する放射能は10万年の歳月を経てやっと安全な自然のレベルまで減少します。その間、環境を汚染することなく安全に保管される必要があります。

10万年という歳月はヒトの寿命の1000倍以上にもなり、3000回以上に及ぶ世代交代を繰り返すことになります。私たちの想像の域を超えた時間です。しかし10万年の安全を確保するためには、可能な限り科学的な手法と想像力を働かせ、この先10万年の間に何が起こりうるかを予測し、自然界と私たち人間社会の未来像を推し量る努力は欠かせません。

幸い私たちはこれまでの様々な調査研究によって、過去10万年間に自然界と人間社会に何が起きたのか、ある程度のことを知っています。そして自然現象の中には、ある一定の時間をおいて繰り返し発生する周期的な現象があることも分かっています。

そこで10万年の時間の長さとその中身を推し量り、想像力を働かせるための手助けとして、まず最初に過去10万年間に私たちの社会はどのように発展してきたのかを概観し、次にこの先10万年間に日本列島と人類にどんなことが起こりうるか、そしてそれが核廃棄物の地層処分にどんな影響を与えうるかを考えます（図⑬）。

図⑬　過去10万年間に起きた主な出来事

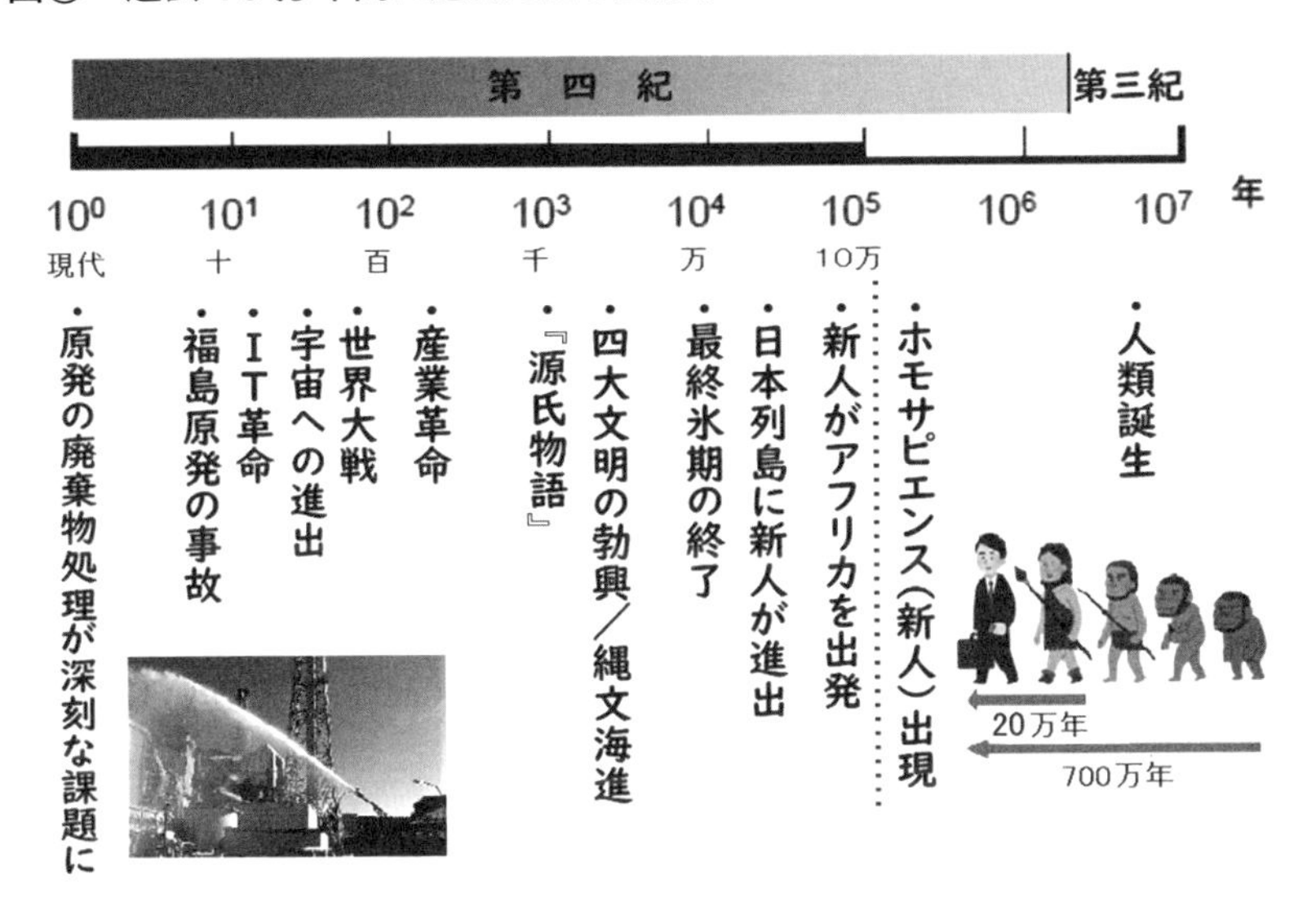

写真：© 防衛省、イラスト：© いらすとや。佐藤努（2014）を参考に作成

1　過去10万年間に人間社会で何が起きたか

私たち人類は、今から700万年ほど前にアフリカで誕生しました。サルによく似た猿人から始まって様々な人類へと進化し、私たち現代人の祖先・新人（ホモサピエンス）が誕生したのは約20万年前のこととされています。

・10万年前：新人がアフリカを出発

今から10万年前というと、新人がアフリカ大陸を出てヨーロッパやアジアへと進出を始めようとした時期です。石器を使って狩りをしたり、果実や植物の根などを採集したりして暮らしていました。まだ文明とよべるものは見られません。

・7万年前：人類絶滅の危機

様々な環境の変化にも適応してきた人類ですが、7万年ほど前に絶滅の危機に直面しました。インドネシアのスマトラ島にあるトバ火山が人類誕生以来最大の超巨大噴火を起こし、地球を広く覆った火山灰と火山ガスが急激な気温の低下をもたらしたのです。「火山の冬」とよばれる現象です。当時数百万とも推定される人口が一気に1万人くらいまでに激減したと考えられています。

・4万年前：日本列島に人類が到達

最近の研究では日本列島に最初に人類が渡ってきたのは約4万年前とされます。アフリカを出発した人類がついにアジアの東端の島に到達したのです。アフリカ東部から直線距離にして約1万キロメートルを数万年の歳月をかけて移動してきたことになります。

・1万年前：最後の氷期が終わる

260万年前以降、地球は数万年の周期でおよそ100回、氷期と間氷期を繰り返してきました。1万年前に最後の氷期が終わり、私たちは今、後氷期（間氷期）とよばれる温暖な時代に暮らしています。

・5000年前：世界四大文明の勃興／縄文海進

この頃になってエジプト、メソポタミア、インダス、黄河の4カ所で文字や暦などをもつ都市や国家が発展し文明が誕生しました。他の動物とさほど変わらないヒトの生活から高度な文化をもつ人間社会へと大きな一歩が踏み出されました。

日本では縄文時代に相当し、石器に加えて土器が発明され竪穴住居に定住するようになりました。また北米大陸やヨーロッパ北部を広く覆っていた大陸氷河が溶け去ったことなどから当時の海面は2～3メートル上昇し、関東平野では内陸奥深くまで海が侵入しました。

・2000年前：紀元後の歴史時代が始まる

後氷期に入ってからも小規模な寒冷化と温暖化を繰り返す中、この時期はやや温暖な時期にあたります。ヨーロッパではローマ帝国が繁栄し、日本では弥生時代が続いていました。

・1000年前：『源氏物語』の誕生

時代は平安時代の中期に入り、世界最古の長編小説で時代を超えて読み継がれてきた『源氏物語』が誕生しました。

・250年前：産業革命

イギリスで蒸気機関が発明され様々な動力源に利用できるようになると、産業構造が大きく変わり始めました。工場制機械工業が急速に発展し、蒸気船や鉄道が発明されるなど現代文明の礎が築かれました。

・80年前：第2次世界大戦と原爆の投下

1939年、人類史上最大の戦争が勃発しました。世界全体を巻き込んだ戦争は6年に及び2500万人の犠牲者を出しました。終戦直前には広島と長崎に原爆が投下され、私たち人類はついに自らを絶滅させかねない最悪の科学兵器を生み出すに至りました。

・70年前：原子力発電の開始

1951年にアメリカが実験用の原子炉の開発に成功すると、1954年にはソビエト連邦で世界最初の原子力発電所の運転が始まりました。以後、原発の数は増え続け、2019年現在、31カ国・地域に450基の原発が建設され稼働しました。日本では59基が造られました。

・50年前：宇宙へ進出

1969年、アメリカの宇宙飛行士が人類史上初めて月面に降り立ち、地球以外の天体に到達しました。人類の宇宙への進出の始まりは、4億年前に起きた生物の海から陸への進出に匹敵する画期的な出来事です。

・25年前：IT革命

1995年以降、インターネットの商業化が急速に加速し、世界中の情報が瞬時に手に入るようになり、社会や経済の構造が地球的規模で大きく変化しました。

・10年前：福島原発の事故

2011年3月、地震と津波による全電源喪失が原因で福島第一原子力発電所の1、2、3号機でメルトダウン、1、3、4号機で水素爆発が発生し、史上最悪の原発事故が起きました。このとき大量に放出された放射性物質を避けるため10万人の住民が避難を余儀なくされ、未だに多くの住民が故郷に帰還できず避難生活を強いられています。

＊＊＊＊＊＊＊＊＊＊＊＊

ざっと概観すると10万年という時間は、他の動物と同じように専ら自然に依存していた原始的な生活から自然を大規模に改変し支配する高度な文明を築くのに要した時間、ということが言えそうです。そしてその進化の速度は加速し核兵器や大規模な森林破壊、地球の温暖化などの問題に見られるように、私たちの活動そのものが多くの生き物を絶滅に追いやり地球環境を破壊するまでに至っています。

2　未来の10万年間で何が起きうるか

次に過去10万年間に発生した自然現象を振り返りながら、これから先10万年の間に日本列島で何が起きうるか、特に地層処分に影響を与えそうな現象に焦点を絞り、10万年の安全を保つ上での課題を考えます。

地球上で起きる自然現象には1回きりのものと何度も同じように繰り返すものがあります。その繰り返しにも一定の周期で起きるものとランダムに繰り返すものがあります。こうしたことを踏まえて未来予測を試みます。

M9クラスの超巨大地震：数百回

2011年3月、観測史上最大のM9・0の地震「東北地方太平洋沖地震」が発生し、最大震度7の揺れと波高40メートルに達する巨大津波によって、国内の自然災害としては戦後最悪となる2万人を超える犠牲者を出しました（図⑭）。

この地震に匹敵する超巨大地震として869年（貞観11年）の貞観地震があります。まだ不明な点

図⑭　2011年東日本大震災

Ⓒ US NAVY

もありますが、東北地方の太平洋沖では太平洋プレートの沈み込みによっておよそ600年から1000年に1回程度の周期で超巨大地震が起きているらしいことが分かってきました。

一方、西日本のフィリピン海プレートの沈み込みによる南海トラフのM8クラスの巨大地震は、およそ100年から150年の周期で起きています。M9クラスの超巨大地震になると東日本と同じようにおよそ600年から1000年に1回程度と推定されています。

さらに最近では北海道東部から東北北部にかけての千島〜日本海溝沿いでもM9クラスの地震が発生する可能性が指摘されて

います。しかも再来周期はおよそ360年とかなり短く見積もられています。まだ十分解明された訳ではありませんが、こうした傾向は将来も続くと予想され、この先10万年の間に、北海道〜東北北部、東日本、西日本の太平洋側ではそれぞれの場所でM9クラスの超巨大地震が100回以上発生する可能性があります。処分場の選定など核廃棄物の処分を考える際にはこれらのことを考慮に入れておく必要があります。

超巨大噴火：10回

超巨大地震と同じように必ず発生すると予想される深刻な自然現象に超巨大噴火があります。噴出物の量が100立方キロメートル（琵琶湖の容積の約4倍）を超える想像を絶するこの噴火は、私たちが通常経験する噴火とはまったく異なる桁違いに激しいものです。九州や北海道に多いカルデラ（湖）はこの超巨大噴火でできた凹地です。その数は比較的新しいもので10数個に及びます。

もし九州の火山でこの噴火が起きると、火山灰は偏西風に流されるため日本の広い範囲を覆い、電気、水道、道路、鉄道などほぼすべてのインフラを破壊し、日本を壊滅状態に陥れかねません。しかもその状態はかなり長期間続くと予想されます。

日本列島では過去12万年間に9回の超巨大噴火があったことが知られています。地震のような周期性は見られませんが、少し規模の小さいものも含めるとおよそ1万年に1回程度と見なせます。最も新しい噴火は7300年前に南九州の鬼界カルデラで起きました（図㊱、139ページ）。現在は、次の超巨大噴火がいつどこで起きてもおかしくない時期にさしかかっていると言えそうです。

もし核のゴミがすべて地下に処分されていれば超巨大噴火の影響は避けられるかもしれません。しかし地上で保管されているときにこの噴火が発生すると、保管施設の機能が破壊され早期の修復も困難となるため、保管方法を工夫しておかないと極めて深刻な事態に発展する可能性があります。

図⑮　フィリピン・ピナツボ火山の巨大噴火

© NOAA

図⑯　地震で隆起した房総半島野島崎

Ⓒ くろふね

隆起と侵食：最大200メートル

地盤の侵食量が大きいと地下300メートル以深に埋設される核廃棄物が地表に接近、露出する危険性が出てきます。後述する科学的特性マップでもこうした場所はチェックされ、処分地には向かないとしています。

侵食が激しい場所は一般には隆起速度が速く標高が高い地域です。地盤を隆起させる力の起源は日本のような変動帯ではプレートの衝突による力です。それぞれ東と南東から押し寄せる太平洋プレートとフィリピン海プレートが日本列島を載せた大陸プレートに衝突して日本列島を隆起させ、場所によっては沈降させています。中部山岳地帯や海溝型巨大地震の震源に近い太平洋沿岸などに隆起量の大きい場所が見られます（図⑯）。

地盤の隆起・沈降量の推定は海水準変動の影響を受けるため簡単ではありませんが、過去のデータから推定すると、将来の10万年間に予測される隆起量は最大約２００メートルと見積もられます。

海面の低下：最大１２０メートル（氷期の襲来）

地球の海水面の高さは絶えず変動しています。その最大の原因は南極やグリーンランドなどにある氷河の消長です。

地球が寒冷化し氷期が訪れると氷河が成長するため海面が低下します。海から蒸発した水蒸気は雲をつくり陸に雨や雪を降らせますが、地球の気温が低いとこの雨雪が氷となって陸地に留まるため海に戻る水の量が減って海水の量が減少します。その結果海面が低下するのです。

今からおよそ7万年前から1万年前まで続いたとされる最終氷期には、海面が１２０メートル下がったため瀬戸内海や宗谷海峡、間宮海峡が消滅して陸となり、北海道は大陸と陸続きになりました（図⑰）。このとき大陸からはマンモスやオオツノジカなど大型ほ乳類が日本列島にやって来ました。今からわずか数万年前のことです。

図⑰　海面が120メートル低下した日本列島

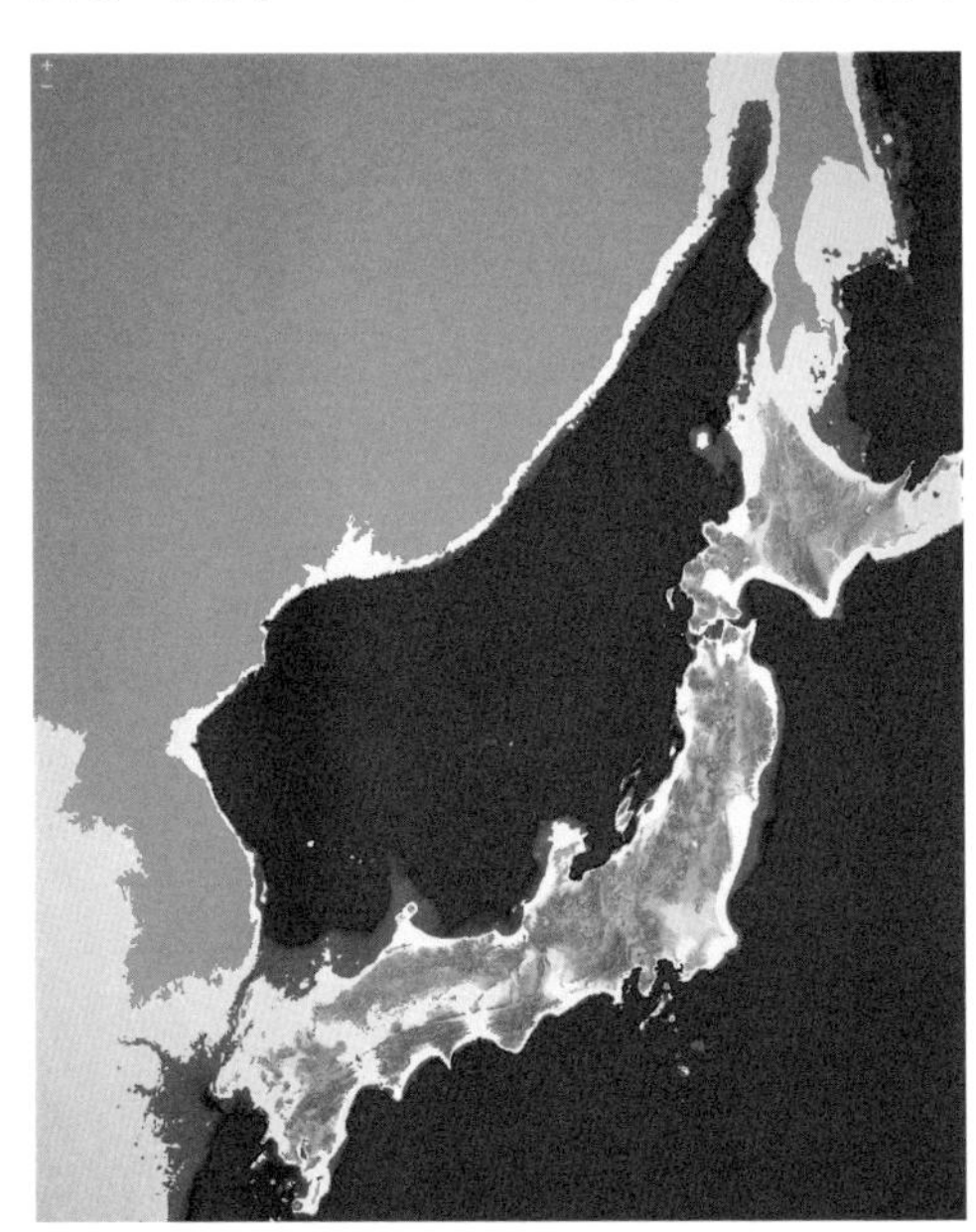

産総研の「地質図NAVI」で作成

海面が低下すると、陸地の侵食が激しくなるだけでなく地下水面も低くなるなど地下環境にも影響が現れます。地表付近で酸素を多く含んだ酸化性地下水がより深い処分場の方へと移動すると、ガラス固化体を保護する緩衝材のベントナイト粘土や容器の劣化が速まり核廃棄物のバリア機能を損なうリスクが高まります。

海面の上昇：最大70メートル（温暖化）

反対に地球の気温が上昇し温暖化すると、大陸や山岳地帯の氷河が溶けて海水が増加するため海面が上昇します。さらに気温の上昇による海水の膨張効果が加わり海水準を引き上げます。

もし南極とグリーンランドの大陸氷河がすべて溶けると仮定すると、海面は約70メートル上昇するとされます。東京、大阪、名古屋などの大都市は水没・消滅し、関東平野や濃尾平野、大阪平野の奥

図⑱　海面が70メートル上昇した日本列島

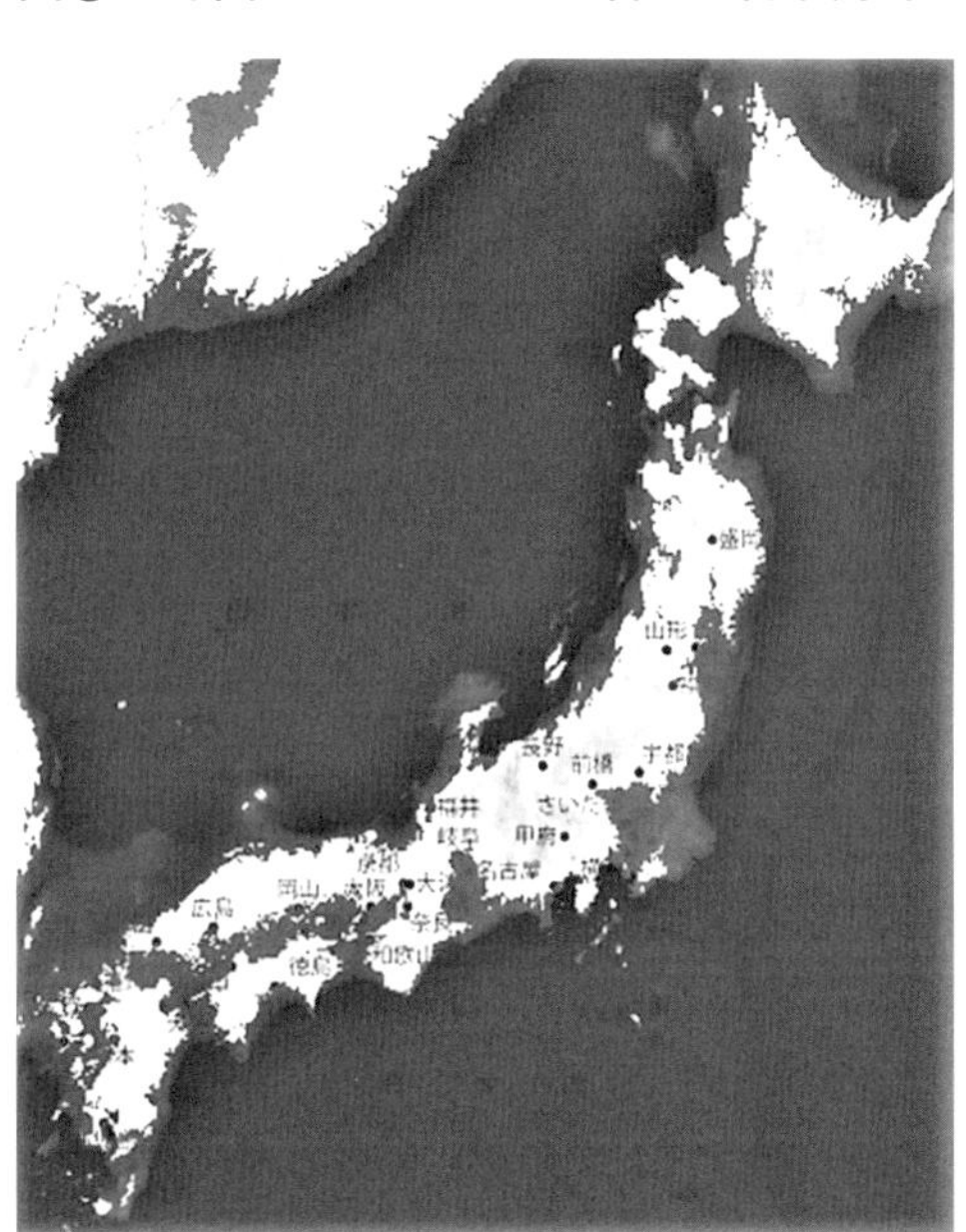

産総研の「地質図NAVI」で作成

深くまで海が侵入します（図⑱）。地震などによる地盤の隆起が海水の上昇量をある程度相殺する地域もありますが、大勢は変わらないでしょう。

70メートルの海面上昇は、科学的特性マップで処分地として「好ましい」とされた海岸地域の多くを水没させます。もしこの水没想定地域に最終処分場が造られると地下施設への影響が懸念されます。処分場はすべて埋め戻されることになっていますが、海水の浸入を完全に防止できるか不安が残ります。このことは第6章でも検討します。

地磁気の逆転？

私たちは普段、ほとんど地磁気を意識することはありません。ハイキングなどの際にコンパスを使って方位を調べるときに利用するくらいです。しかし時に太陽で大きな爆発が発生したりすると磁気

図⑲　地磁気極性図

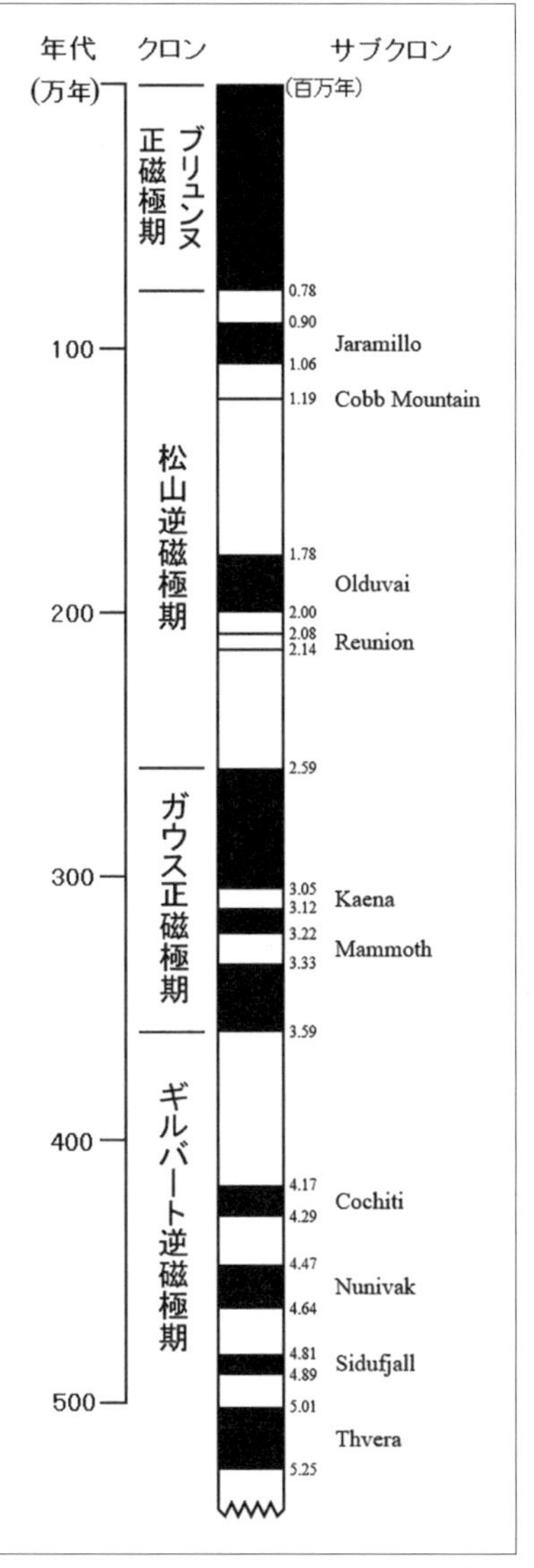

白い部分が逆磁極。USGS の図を一部改変

嵐が起き、電子機器の不具合やブラックアウト（大停電）が生じ問題になることがあります。

その地磁気も南北が逆転することが知られています。コンパスのN極の針が北ではなく南を指すことがあるのです。この地磁気の逆転は過去５００万年間に少なくとも20回は起きています。図⑲は地磁気の逆転の歴史を示したものですが、特に規則性は見られず77万年前に逆転して以来ずっと現在の状態（正磁極という）が続いています。ちなみに77万年前の逆転が記録された地層は、最近、「チバニアン」で話題になり、地球史区分の国際標準模式地に指定された千葉県市原市の養老川沿いで見られます。

今の地磁気の状態はいつまでも続くことはなく、いずれ南北が逆転する時が来ると思われます。それがいつのことなのか、この先10万年の間に起きるのか、もし起きたらどんな不都合が起きるのか、まだよく分かっていません。そもそも地磁気がなぜ逆転するのかも分かっていないからです。

最近では地磁気の逆転現象が存在することはかなり知られるようになり、サイエンス・フィクションの映画や小説でも取り上げられるようになってきました。しかし、この現象が核廃棄物の処理にどのような影響を与えるかは不明です。

巨大隕石の衝突？

中生代に全盛を極めた恐竜が、今から６５５０万年前の中生代末期に突如姿を消し絶滅しました。原因は直径10キロメートルに及ぶ巨大隕石が地球に衝突し、その衝撃波と後に続く地球環境の激変にあることは広く知られるようになりました。メキシコのユカタン半島にはその時にできたクレーターの痕跡が残っています。チュチュルブクレーターと名付けられたこのクレーターは直径約１８０キロメートル、深さ６００メートル以上にもなります。

このような天体衝突自体は珍しいことではなく、小さな隕石ほど高い頻度で地球に落下してきます。最近では、２０１３年にロシア・ウラル地方のチェリャビンスクに落下した隕石はその時の様子がビデオカメラで撮影され、衝撃波による負傷者も出て有名になりました。直径は10メートル程度の小さなものでしたが、かなりの衝撃でした。この程度の隕石衝突は10年に1回程度起きるとされます。1桁大きい直径１００メートルクラスでは1万年に1回、1キロメートルクラスになると10万年に1回、恐竜を滅ぼした10キロメートルクラスになると1億年に1回程度と見なされ、大きくなるほど頻度は小さくなります。

この確率を地層処分の10万年のスパンに当てはめると、10メートルクラスが1万回、１００メートルクラスが10回、1キロメートルクラスが1回程度起きることになります。落下する場所は予測できませんが、地球上のどこでもその可能性があります。確率的には極めて低いとはいえ、万が一にも処分場近傍に落下すれば深刻です。

宇宙への進出

第2次世界大戦中に実用ロケットが開発されて以降、１９６1年のガガーリンによる人類初の有人宇宙飛行、69年のアポロ11号による人類月面着陸、そして国際宇宙ステーションＩＳＳにおける長期宇宙滞在など、この60年ほどの間に人類の宇宙への進出が急速に進みました。火星に人類が降り立つ日もそう遠いことではないでしょう。

この間の宇宙開発の急速な発展からすると、10年、数十年先はある程度見通せたとしても、10万年後ともなるとまったく想像がつきません。しかしこれまでの科学技術の進展状況からすれば、新たな革新的技術が開発され、人類が広く宇宙に進出しどこかの天体に定住し始めている可能性も十分考えられます。

新たな人類の出現／絶滅？

この先10万年の歳月は、様々な民族や国家の滅亡・出現は言うに及ばず、私たち新人（ホモサピエンス）に替わる高度な知能と身体能力を備えた新たな人類や生物種を誕生させているかもしれません。

およそ4億年前に海にしかいなかった生物が陸へと上陸を始め、地球上の生物が大発展を遂げたように、地球から宇宙への進出は新たな人類と生物の進化を促す可能性があります。急速に進歩する遺伝子工学などの科学技術が新たな生物種を生み出す可能性も考えられます。また一方で暴走する科学技術が私たち人類や地球上の生命を絶滅に追いやる危険性もはらんでいます。

38億年という長い生命の歴史の中で私たちは今、新たな大進化・大量絶滅の始まりに直面しているのかもしれません。地球の温暖化や森林破壊、プラスチック汚染などに代表される深刻な環境問題を抱えているものの、この先の10万年という歳月は現在の私たちの想像の域を遙かに超えた計り知れない可能性と危険性を秘めていることは言うまでもありません。

＊＊＊＊＊＊＊＊＊＊＊

以上見てきたように、10万年に及ぶ安全が求められる高レベル放射性廃棄物の処分という課題には、ある程度予測がつく事柄とまったく予測不可能な事柄が内在しています。しかし予測可能な部分については核廃棄物への影響を吟味し、できるかぎりの不安要素を取り除く努力が求められます。また予測が難しい問題についても様々な想像力を働かせ、より良い対処を考える努力は必要です。

第5章　日本の地質の特異性

日本で地層処分を推進する事業主体のＮＵＭＯは、火山や地震、断層、隆起・侵食など様々な「好ましくない要件」を除いても、「日本には地層処分に適した地下環境が広く存在する見通しがある」としています。２０１７年に公表された科学的特性マップで地層処分に「好ましい可能性が高い」として日本全国かなりの地域にグリーンが塗られていることからも分かります。

しかし本当にそうなのでしょうか。日本は地震や火山、造山運動が活発な変動帯に属し、地層処分の先進国フィンランドやスウェーデン、フランス、カナダなどの安定大陸の国々には見られない特異性を抱えています。

1　複雑な日本の地質構造と成り立ち

諸外国と日本の地質

図⑳は全国地質調査業協会連合会が作成した日本とヨーロッパ、アメリカ東部の地質の比較図です。この図は同じ基準（凡例）で地層を分類し、同じ縮尺で作成されています。

細部は不明瞭ですが、日本は一見してヨーロッパやアメリカとはまったく異なり、異常とさえ言えるほど複雑な地質構造をしていることが見て取れます。火山岩や深成岩、時代の異なる堆積岩などの地質ユニットが細かく複雑に分布し、まるでモザイク模様の絵画のようです。火山や大規模な断層もたくさん見られます。

図⑳　日本と欧州、米国東部の地質の比較

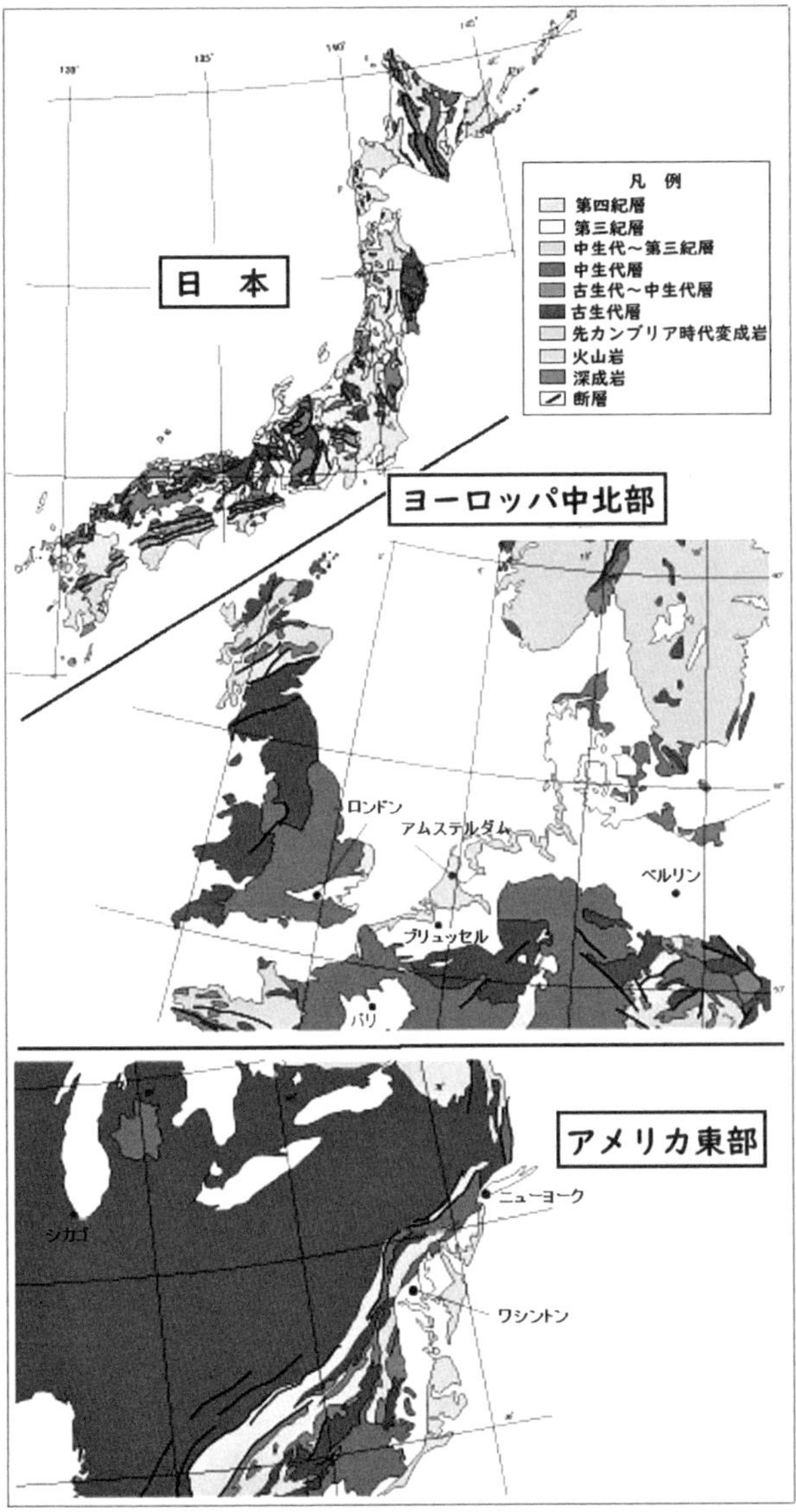

全国地質調査業協会連合会の図を一部改変

一方のヨーロッパやアメリカ東部はどうでしょうか。日本列島とは対照的に非常にシンプルです。同じ地層岩石が広い範囲に連続して分布しており、断層も少なく地質構造が単純です。火山噴出物もほとんど見られません。特にスカンジナビア半島を含むヨーロッパ北部やアメリカの5大湖周辺からカナダにかけては盾状地や卓状地とよばれ、先カンブリア時代の固くて緻密な地層岩石からなる安定陸塊をつくっています。地震や火山の噴火の心配はほとんどありません。

なぜ日本はそれほどまでに複雑な地質構造をしているのでしょう。諸外国と何が違うのでしょうか。その最大の理由は日本列島そのものの複雑な成り立ちにあります。

日本列島は主に付加体からできている

図㉑は地層岩石の種類や年代などを元に西日本の地質を大きな単位で分けた地質区分図です。九州北部など一部を除いてその多くが細長く帯状に分布するため、それぞれの単位は、四万十帯、三波川帯、領家帯などの名前でよばれます。

この帯状構造は西日本の特に四国や紀伊半島で顕著に見られます。地層は全体として北に向かって傾斜していますが、なぜか地質帯は南のものほど新しくなっています。地層はその上に新しいものが次々と積み重なるようにして形成されるため、一般には下位（四国や紀伊半島の場合では南）のもの

図㉑　西日本の地質区分と付加体

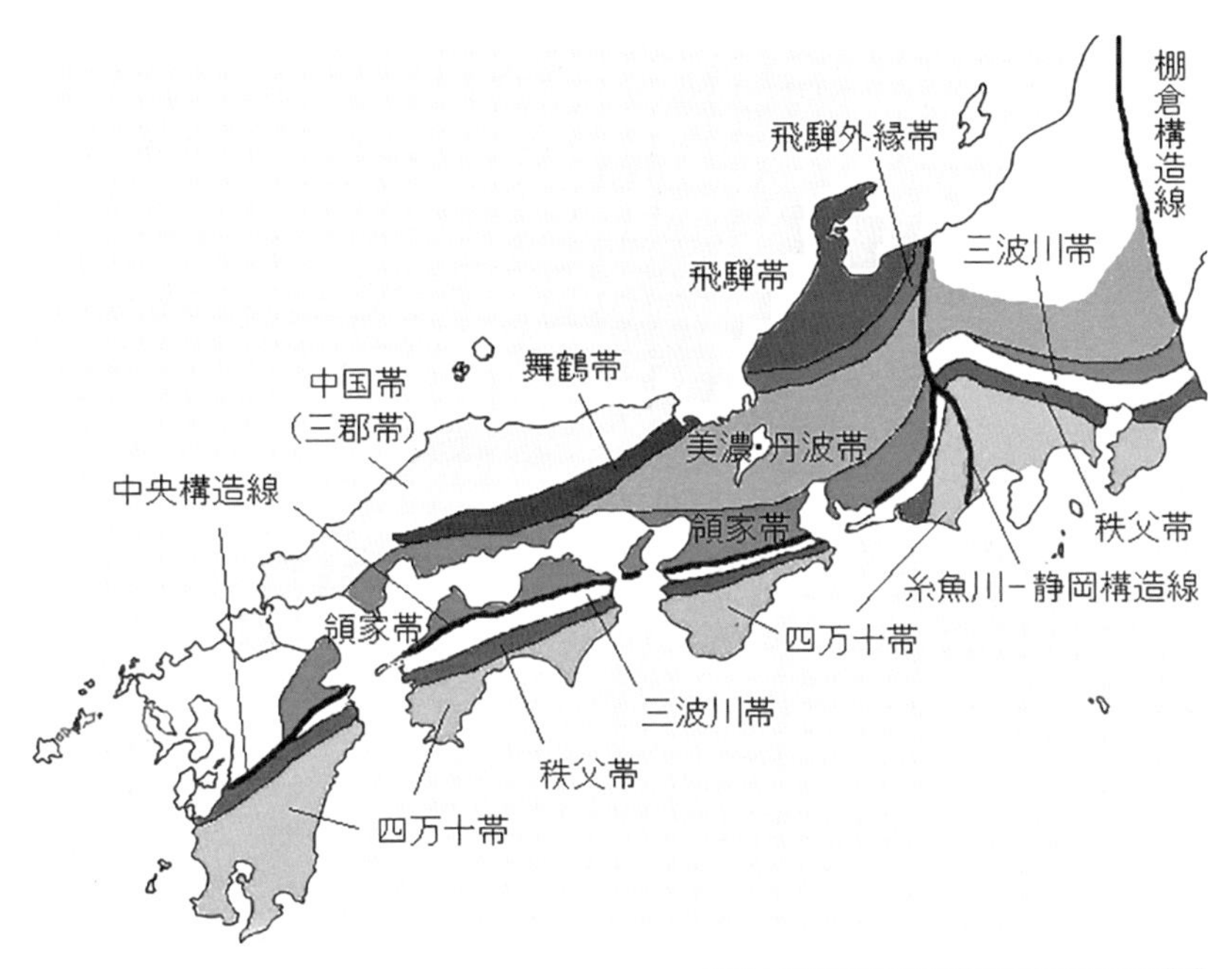

山口大学理学部地球科学標本室の図を元に作成

ほど古くなるはずです。

この不思議な構造を造ったのは日本付近で衝突し沈み込むプレートです。地質帯を構成する地層岩石の多くは元々が現在の場所で形成されたものではなく、日本の遙か南でできたものです。日本の石灰岩の中からサンゴの化石が見つかるのはそのためです。その地層がベルトコンベアーのようにプレートに載って運ばれてきて日本付近の海溝に到達、プレートが沈み込む際に次々とはぎ取られ陸側に付け加わるようにしてできたのです（図㉒）。このような地層は「付加体」とよばれ、南の地層ほ

図㉒　付加体のでき方

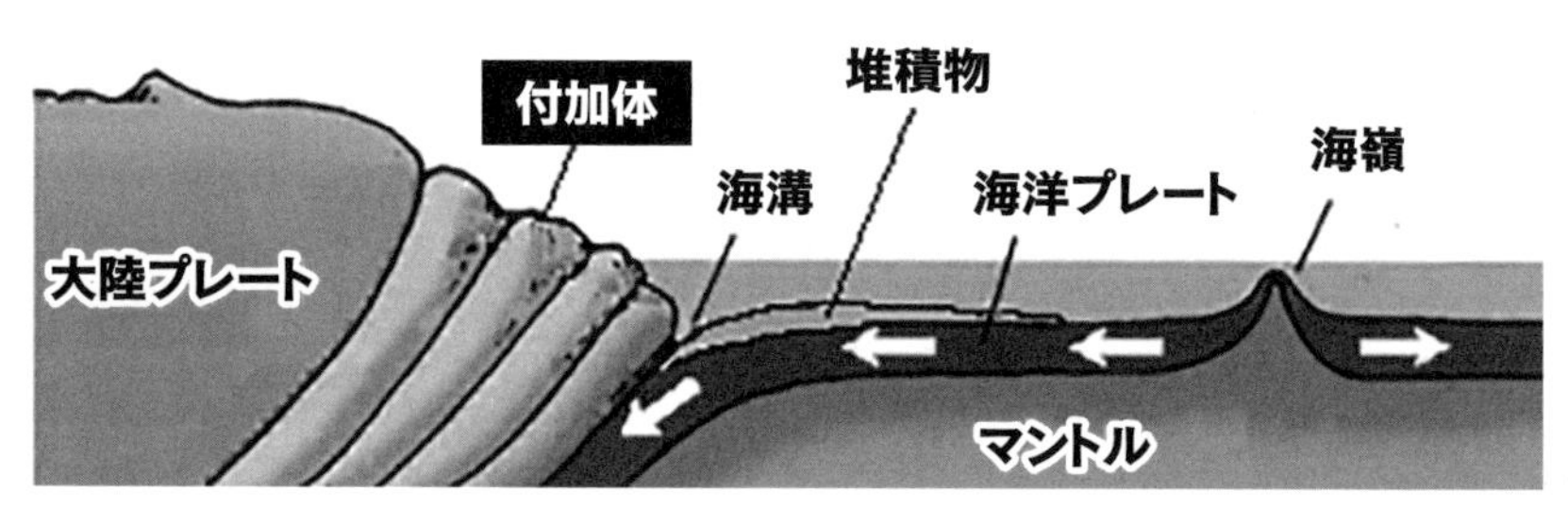

Ameba「古世界の住人」の図を元に作成

ど新しい理由はこの付加体のでき方にあります。

日本の地層の多くは付加体です。古くは約3億年前の古生代石炭紀のものから新生代新第三紀のものまで様々な地質時代の付加体が見られます。四国沖をはじめ南海トラフ沿いでは今でも次々と付加体がつくられています。

日本の地質が複雑な理由の1つは、日本列島が様々な時代の付加体からなる言わば寄せ木細工のような構造をしているからです。このような地質構造はプレートの沈み込み帯に特有のものであり、先に示したヨーロッパやアメリカ東部の盾状地のような安定大陸では見られません。

日本列島は大陸からの分裂と回転運動によってできた

日本では長い間、恐竜の化石は探しても見つからないと思われてきました。日本は島国で大陸から遠く海で隔てられているからです。ところが岩手と福井で恐竜化石が発見されて以来ここ数十年、日本各地で続々と恐竜の化石が見つかり、今や恐竜ブームを巻き起こしています。恐竜が生きていた中生代の日本は島国ではなくアジア大陸の一部を構成していたことが分かってきてからは、恐竜が日本各地で発見されて当然、というように見方が大きく変わりました。

日本列島がアジア大陸から分離したのは比較的新しい、新第三紀中新世です。おおよそ1800万年前のことです。

大陸からの分裂には少し複雑な回転運動を伴いました。分裂が始まると西日本は時計回りに、東日本は反時計回りに回転しながら移動、同時に日本海が少しずつ拡大しました(図㉓)。つまり日本列島は大陸東縁から観音開きのように分裂・移動し、複雑な動きをとったのです。本州が中部地方で逆「く」の字型に曲がっているのはこの回転運動の影響です。日本列島の移動と日本海の拡大は1500万年前頃には終わり、ほぼ現在の場所に落ち着きました。

図㉓　日本列島　大陸からの分裂と回転

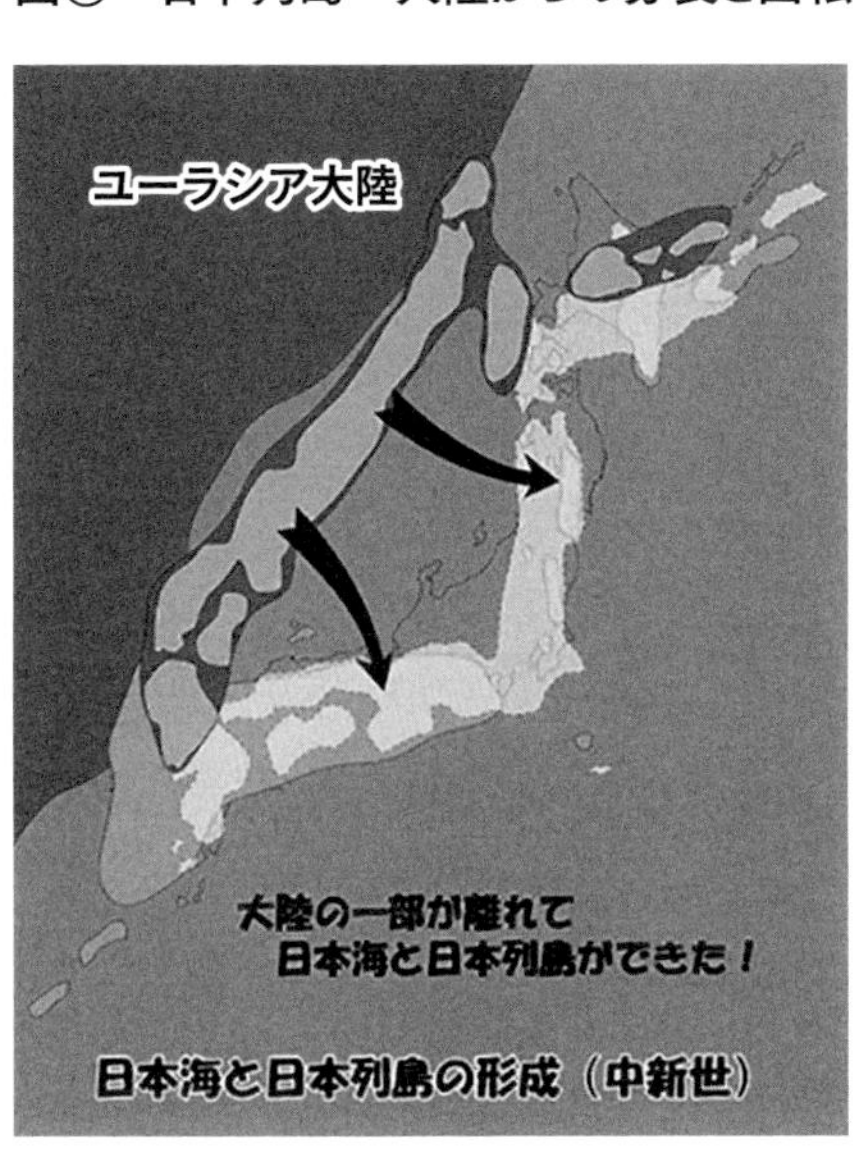

宇都宮市教育センターのウェブサイトより

さらに日本列島の分裂と日本海の拡大には激しい海底火山活動を伴いました。日本海側を中心に広く分布するグリーンタフ（緑色凝灰岩）はこの火山活動の産物です。そして次第に深くなる海には石油や天然ガスを滞留させる厚い砂や泥が溜まりました。アジア大陸の東縁ですでに形成されていた付加体に新たにグリーンタフや厚い砂岩、泥岩が付け加わったため、日本の地質はさらに複雑なものになったのです。

新潟県から静岡県にかけて、糸魚川―静岡構造線とよばれる大断層と大地溝帯（フォッサマグナ）が南北に走っています。ここは正反対の回転運動をした東日本弧と西日本弧が連結する場所でもあって複雑な構造をしており、非常に厚い地層が堆積しています。しかしこの大地溝帯がどのようにしてできたのか、詳しいことは未だによく分かっていません。

北海道は島弧どうしの衝突・合体によってできた

北海道の昔の人たちは北海道の形を腕を広げたカスベ（エイ）に準（なぞら）えたといいます。頭と尾が宗谷岬と襟裳岬に相当し、右腕と左腕が知床半島と積丹半島、そして背骨が天塩山地から日高山脈にかけて南北に細長く走る山脈にあたるというわけです。つまり北海道は大雑把に見ると中央部の脊梁山脈とその両側（東西）に広がる低地の３つの部分に分けられます。

現在はかなりの部分が新しい時代の火山岩で覆われていますが、実はこの東西2つの低地は別々の由来をもつブロック（島弧）だったことが分かってきました。北海道の西半分は中生代にアジア大陸の東縁部で形成された付加体からなる東北日本弧のブロック、北海道の東半分は千島弧由来のブロッ

図㉔　島弧どうしが衝突してできた北海道

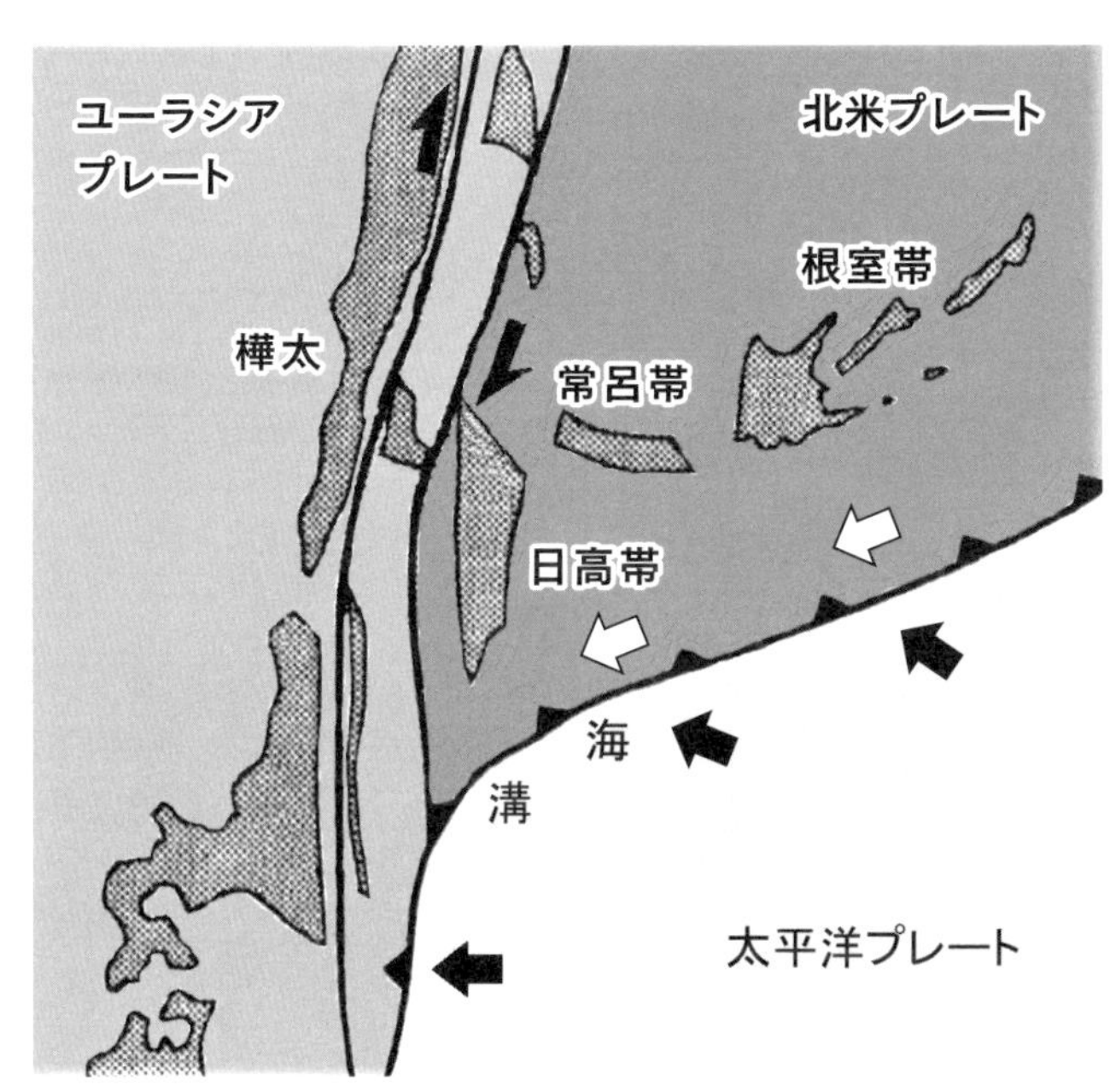

木村学・他（2018）の図を参考に作成

クというわけです。そして北海道中央部の日高山脈はこれら2つの島弧どうしの衝突でできた山脈、とされています（図㉔）。

大きな衝突は新第三紀中新世の1300万年前頃に起きました。このとき日高山脈は西へ大きく湾曲しながら隆起し、地殻の下にあるマントルもめくれ上がって地表に姿を現しました。トレッカーに人気の日高町アポイ岳ではこのマントルの断面が見られます。地殻を構成する地層岩

石も大きく変形して変成作用を受けるなど、衝突の激しさを物語っています。

２０１８年9月、日高山脈近くの胆振地方で、Ｍ６・７、最大震度7の地震が発生し、北海道全域がブラックアウトするなど深刻な事態に発展しました。この地震は震源が深く、１３００万年前に起きた千島弧と東北日本弧の衝突帯の内部で起きた地震とされます。衝突そのものは遠い過去に起きたにもかかわらず、未だに千島弧は北海道を押し続け大きな地震を引き起こすなど、島弧どうしの衝突の影響が続いているのです。

伊豆半島はかつて日本列島に衝突した島だった

島弧どうしの衝突が起きたのは北海道だけではありません。本州弧と伊豆・小笠原弧でも起きました。伊豆半島は主に火山岩からできていますが、元ははるか南方にあった火山島です。この火山島はフィリピン海プレートに載って北上し、１００万年ほど前に本州弧と衝突し始めました。そして60万年前頃には細長い半島として本州に付け加わったとされます（図㉕）。

この衝突は現在も進行しており、伊豆半島は未だに本州にのめり込み続けています。図㉑（95ページ）の西日本の地質区分図を見ると、伊豆半島の北で中部地方の地質構造（付加体）が北に大きく湾曲していますが、この湾曲こそが伊豆半島ののめり込みを目に見える形で示したものです。また伊豆

図㉕　伊豆半島の衝突

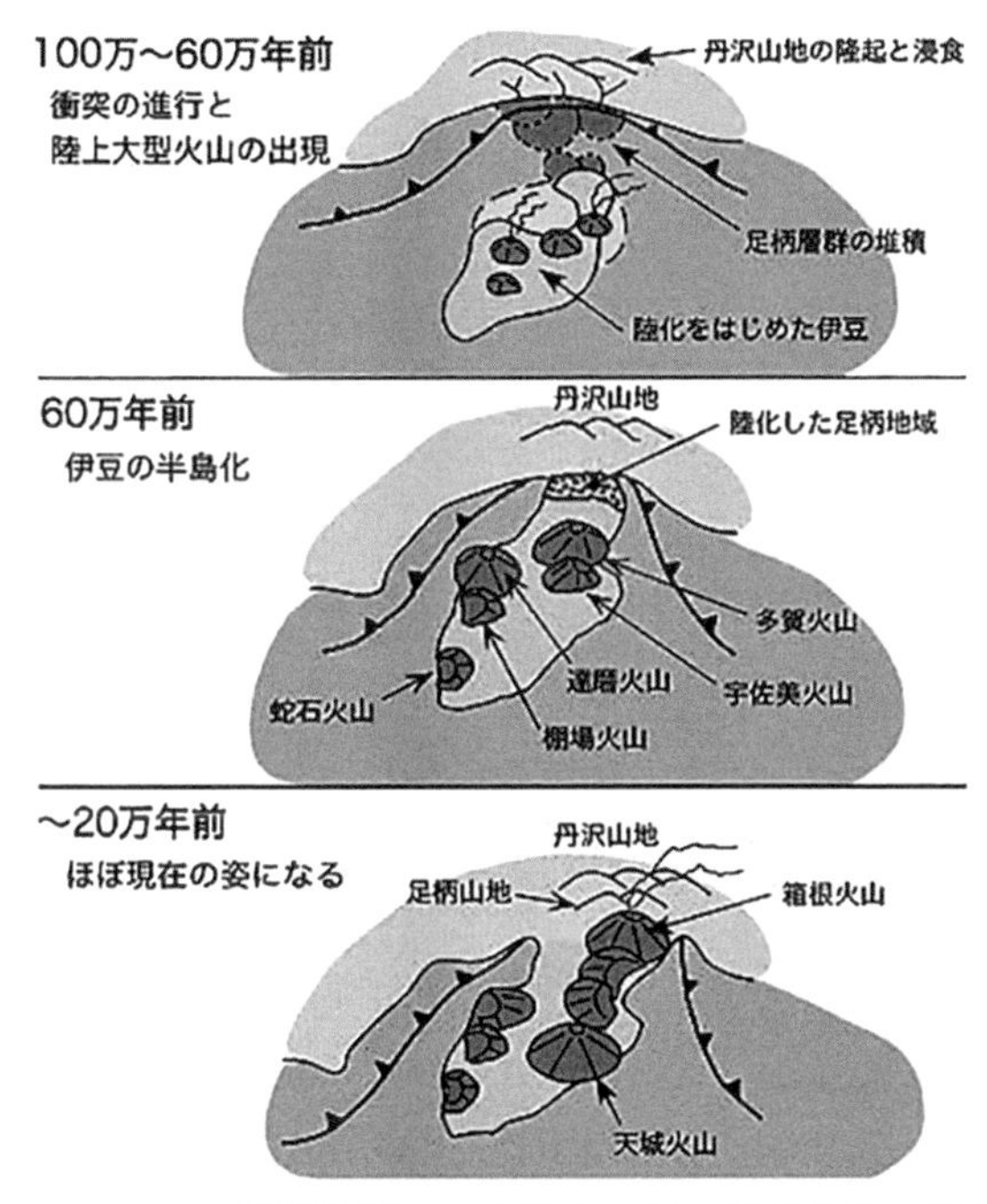

伊豆半島ジオパーク推進協議会のウェブサイトの図を一部改変

半島の付け根では、北米とユーラシアの2つの大陸プレートの下に半島を載せたフィリピン海プレートが沈み込み活断層を発達させるなど、地質構造はかなり複雑です。しかも衝突は伊豆半島だけでなく、さらに北にある丹沢山地でも起きました。山地をつくる地塊も伊豆半島と同じようにはるか南方で形成された島が本州に衝突し付け加わったものです。

このように伊豆半島から丹沢にかけては世界でもまれな複雑な成り立ちをもつ場所です。

2　４つのプレートが衝突する世界でも希有な場所

図㉖は世界のプレートと大地震の分布を示した図です。プレートとは地球の表面を覆う厚さ１００キロメートルほどの板状の岩盤です。地殻とマントル上部からなり、全部で十数枚に分かれます。プレートは中央海嶺とよばれる海底の大山脈で今でも盛んに造られています。新たに造られたプレートはその両側に分かれて移動し、この移動するプレートどうしがすれ違ったり、衝突して一方が他方の下に沈み込んだりすることで地震が起き、火山ができるのです。ときにヒマラヤやアルプスのような大山脈ができることもあります。このようにプレートの境界は地震や火山、造山運動などが活発なため変動帯とよばれることもあります。

日本付近では、図㉗に示したように４つのプレートが分布しています。北海道と東日本は北米プレート（オホーツクプレート）、西日本と南西諸島はユーラシアプレート（アムールプレート）の上にあり、この２つの大陸プレートの下に太平洋とフィリピン海の２つの海洋プレートが衝突し沈み込んでいます。

このように４つのプレートが入り組んで衝突しせめぎ合う場所は日本以外ほとんど見当たらず、日

図㉖　世界のプレート分布図

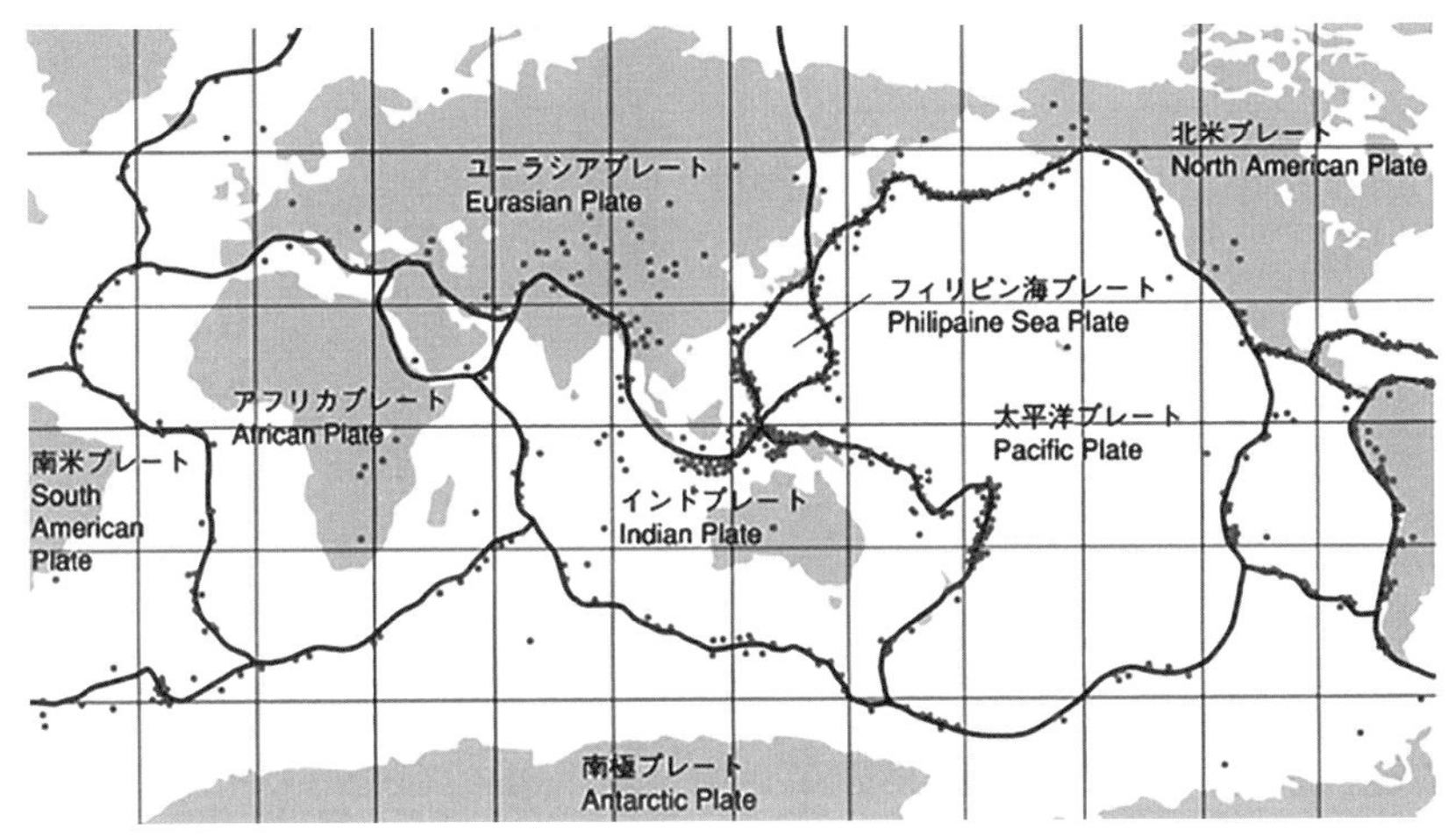

内閣府防災情報のウェブサイトより

図㉗　日本付近のプレート分布図

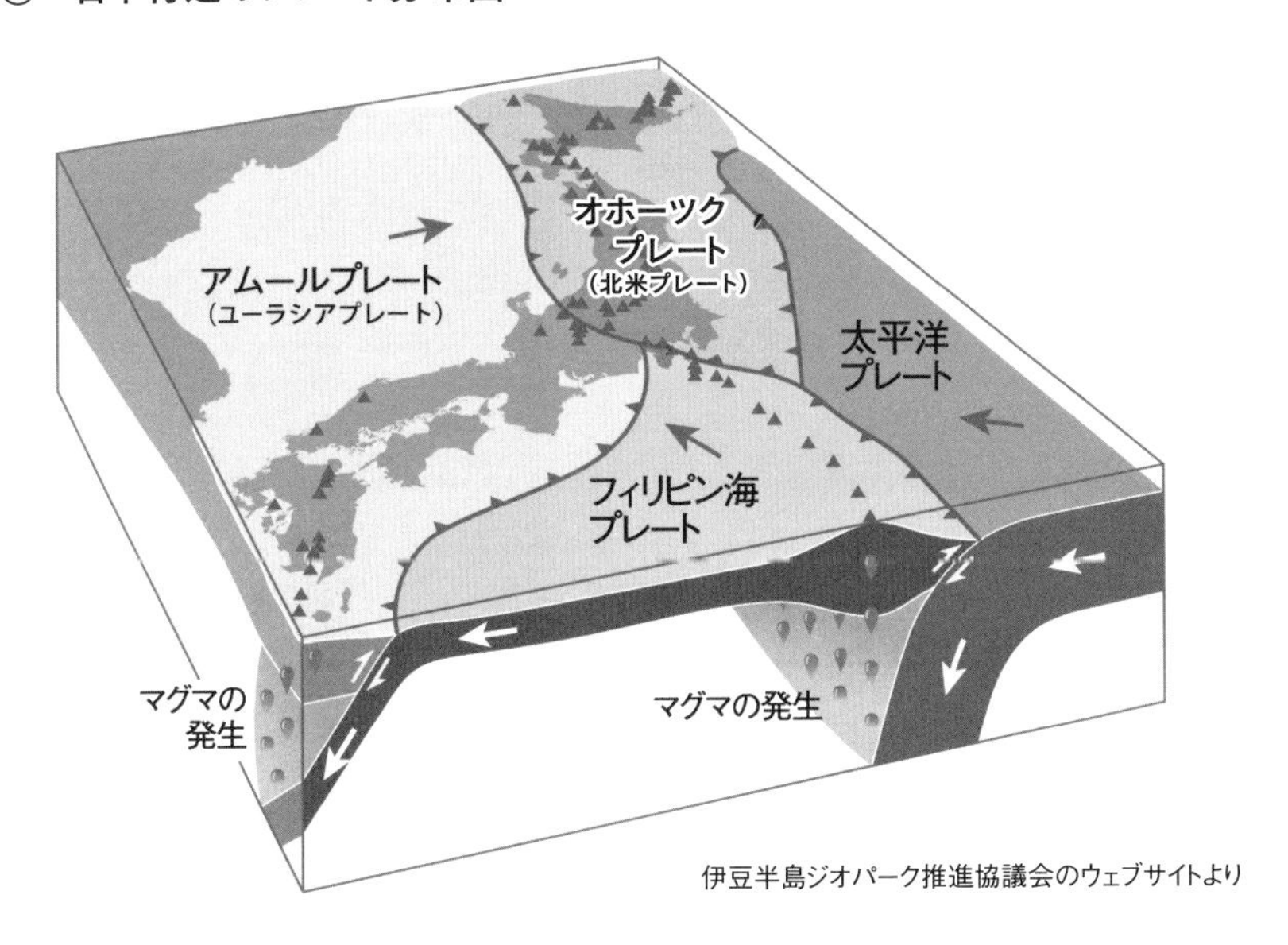

伊豆半島ジオパーク推進協議会のウェブサイトより

本が地震・火山大国、世界で最も地殻変動の激しい国、といわれる所以です。

日本列島の面積は世界の陸地面積のわずか0・3％を占めるにすぎません。ところがこの狭い国土に世界全体の活火山のおよそ7％、地震に至っては23％が集中しています。これらの数字からも日本列島がいかに特異な場所にあるかが分かります。

第6章

「科学的特性マップ」を考える

２０１７年７月、経産省資源エネルギー庁は地層処分について国民や地域の理解と協力を得るための資料として「科学的特性マップ」を公表しました（図㉘）。このマップは「地層処分を行う場所を選ぶ際にどのような科学的特性を考慮する必要があるのか、それらは日本全国にどのように分布しているか、といったことを分かりやすく示すもの」としています。

では具体的にどのようにして作られたのか、どのような問題点があるのか。このマップをとりまとめたワーキンググループの報告書（「ＷＧとりまとめ」）やマップに添えられた説明などを元に具体的に考えます。

１「科学的特性マップ」とは

マップそのものは２００万分の1の縮尺（精度）の日本地図1枚にまとめられていますが（図㉘）、その他にもこれを５つに分割した「地域ブロック図」、マップを構成する火山や断層活動など11項目の個別要件を抜き出した「個別条件図」、そして「説明資料」などが添付されています。これらは資源エネルギー庁の「科学的特性マップ公表用サイト」で閲覧することができます。

図㉘　地層処分の適・不適地を示した「科学的特性マップ」

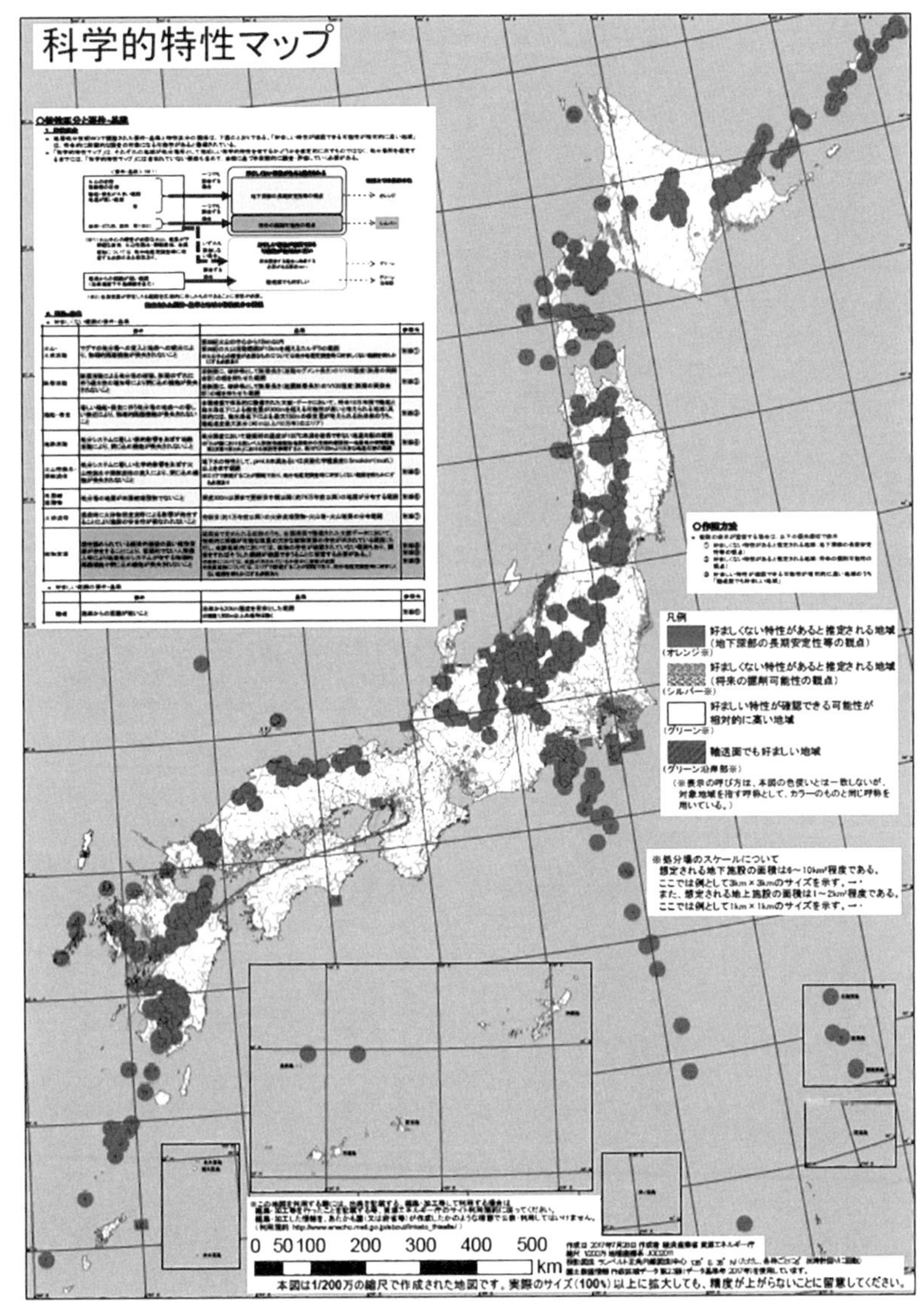

資源エネルギー庁のウェブサイトより

このマップは新たな調査によって作成されたものではなく、すでに存在する様々な文献や地質データなどを一定の要件と基準に沿って整理し、1枚の全国地図にまとめたものです。同じような地図に2011年に日本地質学会が作成したリーフレット「日本列島と地質環境の長期安定性」があります。

マップは具体的には地層処分の適・不適を4色で色分けしています。火山や活断層、地下資源などがあり地層処分に適さない地域をオレンジとシルバーの2色で示し、それ以外の地域は「好ましい可能性が高い地域」としてグリーンで塗られています。グリーンについては、高い放射能をもち総重量が100トン以上にもなるガラス固化体容器（キャスク）を船や特別仕様の車、列車で大量に輸送する必要があることから安全面も考慮し、沿岸から20キロメートル程度は特に「輸送面でも好ましい地域」として濃いグリーンで塗られています。

ただし色分けされた地域は処分地としてふさわしいかどうか確定的に示したものではなく、選定の過程でさらに詳しい調査を行う必要があるとしています。つまりグリーンで塗られた地域は、「好ましい特性が確認できる可能性が相対的に高い」処分地選定の調査対象になりうる地域、ということです。

このマップを見ると、日本には地層処分に適した地域が幅広く存在するかのように思えます。実際に、処分事業を推進するNUMOは全国説明会を開く目的に「日本でも地層処分に適した地下環境が広く存在するとの見通しを共有しながら、（一部略）、地層処分について理解を深めていただく」、と明記するなど楽観的な立場に立っています。

果たしてこの科学的特性マップには処分地選定に欠かせない適切な情報と判断が示されているのか、また日本にも本当に安定した地下環境が広く存在するのか、以下で具体的に検討します。

2　地層処分で考慮すべき要件と基準

火山・火成活動（マグマの影響範囲）

まず火山と火成活動です。高温のマグマは処分場を完全に破壊してしまうほどの高いエネルギーをもっており、火山地帯は絶対に避ける必要があります。マップではその範囲を第四紀に活動した火山の中心から半径15キロメートル以内に設定（図㉙）。理由は「過去の研究から、火山の活動範囲は、ほとんどの火山において中心から半径15キロメートル以内に収まることが分かっているため」としています。

しかしこの基準には問題があります。今は周囲に火山がないため火山活動の影響は考えなくてもよいと見なされている場所でも、将来、新たな火山が誕生する可能性があることを否定できないからで

図㉙　科学的特性マップの要件と基準

好ましくない範囲の要件・基準

	要件	基準
火山・火成活動	**火山の周囲**（マグマが処分場を貫くことを防止）	火山の中心から半径15km以内等
断層活動	**活断層の影響が大きいところ**（断層のずれによる処分場の破壊等を防止）	主な活断層（断層長10km以上）の両側一定距離（断層長×0.01）以内
隆起・侵食	**隆起と海水面の低下により将来大きな侵食量が想定されるところ**（処分場が著しく地表に接近することを防止）	10万年間に300mを超える隆起の可能性がある、過去の隆起量が大きな沿岸部
地熱活動	**地熱の大きいところ**（人工バリアの機能低下を防止）	15℃/100mより大きな地温勾配
火山性熱水・深部流体	**高い酸性の地下水等があるところ**（人工バリアの機能低下を防止）	ｐＨ４．８未満等
軟弱な地盤	**処分場の地層が軟弱なところ**（建設・操業時の地下施設の崩落事故を防止）	約78万年前以降の地層が300m以深に分布
火砕流等の影響	**火砕流などが及びうるところ**（建設・操業時の地上施設の破壊を防止）	約１万年前以降の火砕流等が分布
鉱物資源	**鉱物資源が分布するところ**（資源の採掘に伴う人間侵入を防止）	石炭・石油・天然ガス・金属鉱物が賦存

好ましい範囲の要件・基準

	要件	基準
輸送	**海岸からの陸上輸送が容易な場所**	海岸からの距離が20km以内目安

資源エネルギー庁のウェブサイトより

す。

日本の火山の分布には際だった特徴があります。それは火山前線とよばれる線を境にして火山の有無が明瞭に分かれ、前線の東側（太平洋側）では火山がまったく存在しないことです（図㉚）。この性質は数百万年前からほとんど変化がなく将来も10万年以上は続くと考えられることから、火山前線の東側の地域では新たな火山活動の発生を考慮する必要はないでしょう。

問題は前線の西側（日本海側）の地域です。火山の密集度は場所によって異なりますが、多くは火山前線の近くに集中しています。しかし九州の雲仙岳や福江火山群、北海道の利尻山、渡島大島などのように前線から１００～２００キロメートル離れた場所でも火山は存在します。

図㉚　活火山の分布

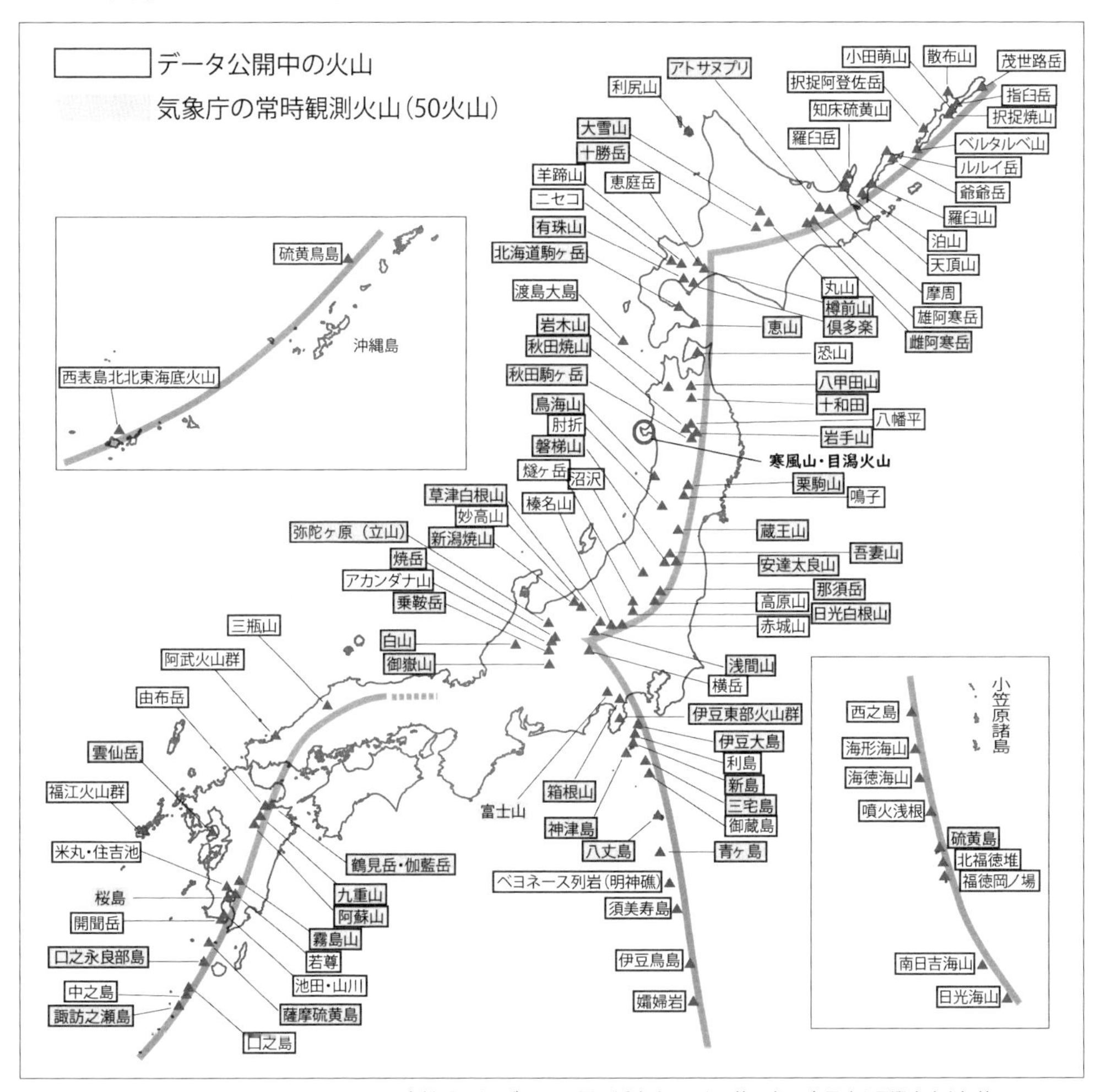

産総研のウェブサイトの図に活火山ではない第四紀の寒風山と目潟火山を加筆

これらの火山はいずれも数十万年前から活動を続けている活火山です。

同じように火山前線からおよそ100キロメートル離れた秋田県の男鹿半島には、活火山ではありませんが2万~3万年前に誕生した比較的新しい寒風山や目潟火山があります（図㉚）。いずれもその周囲に火山はなく、日本海と広大な八郎潟が広がっています。

つまりこうした火山の存在は、火山前線の西側の地域では、半径15キロメートルに関係なく、周囲に火山がまったく見当たらなくても突如として新たな火山が出現する場合もあり得ることを示しています。

地層処分では10万年の安全を担保する必要があります。この長い期間を考えると、今はグリーンで塗られた火山のない「空白域」であっても新たな火山が誕生することは十分考えられます。こうした可能性については特性マップでも認めていますが、「マントル物質の対流モデル等を加えて新たな評価モデルを構築することが望ましい」と注意を促しているだけです。実際には、新たな火山が誕生するか否か、その場所や時期の予測はできません。

こうした懸念を踏まえると、火山活動の影響を避けて安全を担保するためには、少なくとも火山前線の西側100~200キロメートルのゾーンは地層処分に「好ましくない地域」（オレンジ）とした方が無難です。火山活動の破壊力には計り知れないものがあります。

断層活動（主な活断層とその影響範囲）

断層については、ずれに伴う処分場の破壊と透水性の増加による閉じ込め機能の喪失を防ぐため基準の設定が必要とされています。そこで好ましくない範囲として断層の両側で断層の長さの１００分の１（断層の両側合計）のゾーンが取り上げられました。

その理由は、過去の知見から破砕帯の幅は断層長の３５０分の１〜１５０分の1程度におおむね収まることが示されているため、としています。破砕帯とは、岩石が断層運動によって帯状に破砕された部分で角礫や粘土などからなります。この部分は地下水の通り道となることが多く、トンネル工事などの際に大量の水が湧出して工事を妨げ、問題となることがあります。

しかしマップで示された断層活動の評価にはいくつか問題があります。

1つ目の問題は、断層活動の影響範囲を断層破砕帯とその近傍に限定していることです。

２０１6年に発生したM７・３、最大震度７の熊本地震では、布田川・日奈久断層が27キロメートルにわたってずれ動きました。この地震では観測衛星だいち2号が活躍し、地震断層の両側20キロメートルほどの範囲内で地震に誘発されて動いた地表断層を検出しました。その数約２３０本、大半は未知の小断層でした。このような地震を起こさない受動的な断層は「お付き合い断層」とよばれ、２

018年の大阪北部地震（M6・1）や北海道胆振東部地震（M6・7）でも見つかっています。

また地盤の伸縮など急激な変位は地下水の流れに変化をもたらす可能性があります。実際に地震の前後で地下水や温泉の湧出量、水位などが変化したという事例は今までに数多く報告されており、地震の事前予測に利用する研究が進められているほどです。地下水は透水性の高い断層破砕帯の影響を強く受けると思われますが、地下水の流れには地層岩石の種類や状態、古い断層や割れ目、岩盤に加わる応力など様々な条件が関係しているだけに、断層運動の影響範囲を破砕帯とその近傍だけに限定し、単純に活断層の長さの100分の1程度の幅とすることには疑問が残ります。熊本地震で見つかったお付き合い断層の例などを考えると、断層の長さと同程度の範囲を不適切とした方が安全です。

2つ目の問題は、地震の揺れについてまったく考慮されていないことです。

その理由は「地下深部の揺れは地表付近と比較して概ね3分の1から5分の1程度になる」、そして「閉鎖後の処分場では核廃棄物と周りの岩盤とが一緒に動くため、地上と同程度の影響が及ぶとは考えにくい」からだとしています。

しかし地下では揺れが小さいといっても、2008年のM7・2の岩手宮城内陸地震では地表で約4000ガル、2011年のM9・0の東北地方太平洋沖地震では約3000ガルの揺れを記録しており、地下でも相当な揺れが発生したと考えられます。仮に地下では3分の1～5分の1程度になるとしても、それぞれ１３００〜８００ガル、１０００〜６００ガルとなり、決して無視できる揺れとはいえません。

もし処分場の近くで大地震が発生した場合、その揺れで埋設されたガラス固化体が破損し放射性物質が漏れ出す恐れが懸念されます（一般には断層の長さが長いほど発生する地震のマグニチュードは大きくなり、その近傍の震度も大きくなります）。たとえ処分場が埋め戻されたとしても周囲の岩盤との間に密度や強度などの差があり、処分場にどのような影響があるのか実際の地震で検証された訳ではありません。今ではすべての原発で想定される最大地震動の調査が義務づけられ、各自治体でも活断層ごとに震度予測図が作られています。特性マップでもこうしたデータや手法を取り入れ、一定の揺れを超える恐れがあれば「好ましくない範囲」として示すべきです。

３つ目の問題は、地表では確認できない未知の活断層の存在です。これは地層処分の安全性評価にとって最も深刻で困難な問題の１つです。

過去に起きたＭ６・５以上の大きな地震を調べると、１９０１年から２０２０年までの１２０年間に陸海の境界部を含め33個の内陸（直下型）地震が発生しています。このうち、未知の活断層で起きた地震は19個で、内陸大地震の約６割にあたります。つまり日本列島のどこで大地震が起きてもおかしくないということです。２０１８年に北海道厚真町で震度７を記録し深刻な全道ブラックアウトを

図㉛　日本の活断層の分布図

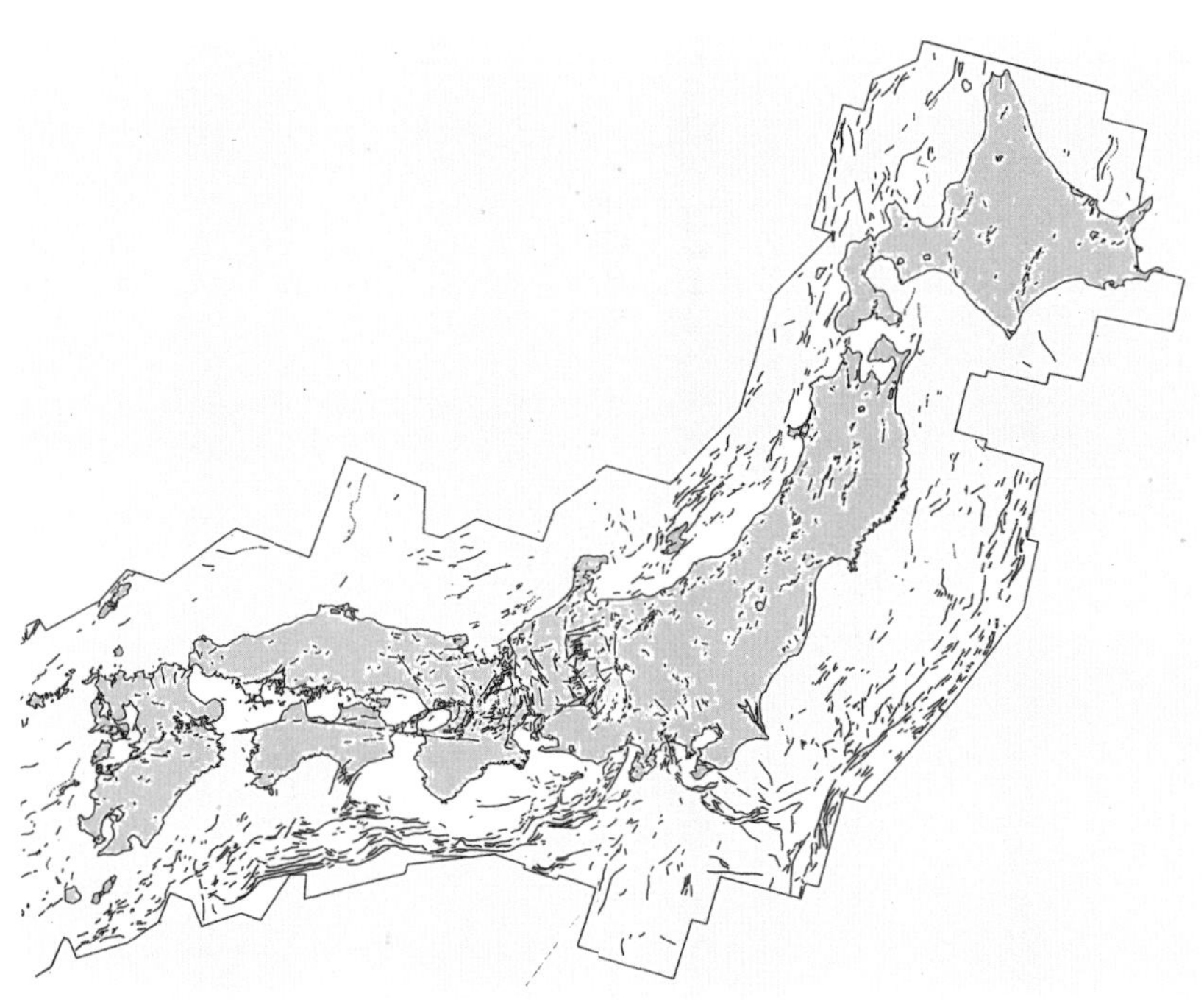

松田時彦（1995）を一部改変

引き起こした北海道胆振東部地震（M6・7）も未知の活断層で発生したものでした。

これらのことは、私たちが知っているおよそ2000本の活断層（図㉛）はまだほんの一部であり、地表には現れていない活断層がたくさん存在することを示しています。その数はおよそ4000本とも6000本とも言われています。「活断層がないからこの地域は安全」とはいえないのです。また活動を終えたと思われていた古い断層が再び活動するという例も知られています。

絶対に断層運動は起きない（＝地震は起きない）、といえる安全な場所は日本では見当たりそうにありません。つまりこのこと1つをとっても、ＮＵＭＯが主張するように「日本でも地層処分に適した地下環境が広く存在するとの見通し」があるとはいえないはずです。

隆起・侵食（隆起・侵食の著しい範囲）

核廃棄物の処分場は地下３００メートルより深い場所に設置することが決まっていますが、もしこの先10万年の間に３００メートル以上土地が隆起し侵食されるようなことがあれば核のゴミは地表に著しく接近することになり極めて危険です。当然こうした場所は処分地としてふさわしくありません。

そこで特性マップは日本地質学会が公表したリーフレット「日本列島と地質環境の長期安定性」の隆起速度分布図を元にして隆起・侵食量を推定しています。ただしこのリーフレットでは、最大隆起量は10万年で90メートル以上、としか示されておらず３００メートルに達するかどうかは不明ですが、一応、90メートル以上とされた沿岸部を好ましくない範囲と見なしています。氷期における海面低下を仮に最大１５０メートルと仮定すると、90メートル以上＋１５０メートル＝２４０メートル以上、となり３００メートルを超える可能性が考えられるからです。

特性マップを見ると、房総半島南部や神戸六甲山地域、室戸岬など10数カ所が不適切となっています。その大半は大地震に伴う地盤の隆起を繰り返している地域です（ただし地質学会のリーフレットでは西日本のおよそ半分がデータ不足で隆起量が見積もれないとして空白になっています）。

地熱活動（地温の影響が著しい範囲）

ガラス固化体容器を取り囲む厚さ70センチメートルの緩衝材（ベントナイト）は、温度が長期にわたり100℃を超えると変質・劣化が急速に進むため核廃棄物の閉じ込め機能が損なわれます。ところがすでに緩衝材そのものもガラス固化体が発する熱によってかなりの熱をもっています。そこで地下の処分場は岩盤の温度が60℃を超えないような場所に設置する必要があるとされます。

しかし地下の温度についてのデータは鉱山などを除き極めて限られています。そこで比較的データ量の多い地下の温度勾配を利用して地下300メートルの温度を推定する、という方法を採っています。地上温度を15℃としてこの方法で計算すると、地下の温度勾配が100メートルにつき15℃を超える地域は地下300メートルで60℃をオーバーし、好ましくない範囲になります。

特性マップに示された結果を見ると、地熱活動の活発な地域の大半は第四紀の火山地帯にあり、マグマの活動が影響していると思われます。しかも東日本のごく一部と九州の2カ所に限られるなど、

「好ましくない地域」はごくわずかです。

火山性熱水・深部流体

ガラス固化体の閉じ込め機能に悪影響を与えるものとして、地熱活動の他に火山活動に伴う熱水や地下深部のマントルやプレート（スラブ）からもたらされる流体（水）があります。

特に問題になるのは地下水や熱水のＰＨ（酸アルカリ度）と炭酸濃度です。地下水や熱水のＰＨが低い（酸性度が強い）と緩衝材ベントナイト粘土の変質やガラス固化体の溶解を促進します。また炭酸濃度が高いと鉄と炭素の合金オーバーパックの不動態化や腐食を招く恐れがあるとされます。もしこうした現象が起きると放射性物質の閉じ込め機能が損なわれ深刻な事態になりかねません。そこで地下水のＰＨが４・８未満、炭酸濃度が０・５モル／リットル以上は好ましくないとしています。

しかし地下水や熱水のＰＨについても地熱活動と同様に既存のデータは極めて少なく、日本全国をカバーできるようなデータはありません。そこで次善の策として、地熱活動の推定に利用した「全国地熱ポテンシャルマップ」（産総研、２００９）に添付されている情報からＰＨ４・８未満の場所を読み取りマップに示すという方法を採っています。

その結果は全国で約２００カ所。すべて点（＋）で表示され、面的な範囲は示されていませんが、その多くは第四紀の火山地帯にあります。しかし火山が存在しない火山前線の東側の太平洋側にも見られ、スラブ起源の温泉と一致するケースもあることなどから、これらの場所では深部のプレートから岩盤のき裂などを通って上昇してきた深部流体を示していると思われます。

特性マップではこうした情報はごく一部に限られ、「エリアで表現することが困難なため、処分地選定調査時に好ましくない範囲を明らかにする必要がある」としています。つまり火山性熱水や深部流体については実際に詳しく調査してみないと分からない、というのが実情です。

未固結堆積物

これまで検討してきた項目は処分場の長期安定性、閉じ込め機能に影響を及ぼす要件が中心でした。次に検討する地盤の問題は、地下３００メートル以深に施設を建設する際の作業の安全性に関わるものです。なお処分場建設と操業時のリスクについては、火山や断層活動なども取り上げて検討されています。

まだ十分固まっていない軟弱な未固結堆積物が地下深くまで存在すると、坑道を掘削する際に崩落する危険性があり、作業従事者の安全が著しく損なわれる恐れがあります。しかし地下深くの堆積物の状態がどうなっているかを確認するためには実際にボーリングなどで調査する必要がありますが、ボーリング・データはさほど多くはありません。

そこで、第四紀の更新世中期（約78万年前）以降に堆積した比較的新しい地層は未固結な状態にあると判断し、この時期の地層が300メートル以上堆積している場所は好ましくない、としています。

そこで利用されたのが日本各地の地下水の賦存量の試算に使われたデータです。この膨大なデータから地層の年代と層厚を抽出し、未固結堆積物の分布域を推定しています。

特性マップを見ると、東京湾や大阪湾の沿岸地域、新潟平野、そして北海道屈斜路湖や九州のカルデラ火山地域などに厚い軟弱地盤が見られます。

火砕流など

火砕流（火砕物密度流）や溶岩流、岩屑なだれなどの火山活動は、建設・操業中の処分場施設の安全性を大きく損なう恐れがあるため、その影響を避ける必要があります。

この事象の基準の設定には原子力規制委員会が定めた「原子力発電所の火山影響評価ガイド」（2013）が利用されました。危険な核物質を取り扱い、使用済み核燃料をプールなどで保管している原子力発電所の安全基準がそのまま適用できるというわけです。具体的には完新世（約1万年前以降）の火砕流堆積物、火山岩、火山砕屑岩の分布地域を好ましくないとしています。

特性マップでは火砕流や溶岩などの分布域は、全国をくまなくカバーする産総研の「20万分の1日本シームレス地質図」から読み取っています。

その結果を見ると、該当する地域は「火山・火成活動」の要件で好ましくないとされた範囲にほぼ収まっていることが分かります。

しかし過去1万年間で最大とされる南九州の鬼界カルデラ噴火による大規模火砕流についてはなぜかごく一部しか示されていません。7300年前に起きたこの巨大噴火では火砕流が海を渡って種子島や屋久島、南九州などに到達し、その堆積物が薩摩、大隅の両半島を広く覆ったことが分かっています（図㉜、㊱）。しかし、その後の侵食作用によって現在その多くは厚さ1メートル以下となり点々と分布する）。

幸屋（こうや）火砕流とよばれるこの堆積物は屋久島ではきちんと図示されていますが種子島や南九州では無視され、その分布域が濃いグリーンの「好ましい範囲」として扱われています。その理由は火砕流分布域の作成に利用された「20万分の1日本シームレス地質図」では種子島と南九州の幸屋火砕流を省略しているからだと思われますが、他の文献を調べればすぐ分かることです。科学的特性マップの信頼性に疑問が残ります。

さらに基準自体にも問題があります。それは好ましくない範囲を約1万年前以降の完新世の火砕流などに限定していることです。「火山ガイド」では第四紀（約258万年前～現在）の火山も検討対象としており、たとえ完新世に活動していなくても将来の活動可能性が十分小さくなければ「原子力発電所に影響を及ぼし得る火山」と見なし、場合によっては立地不適としています（この点については特性マップの留意点で一応紹介しています）。実際に2017年に四国の伊方原発に対し運転差し止めを命じた広島高裁の仮処分決定では、9万年前の阿蘇火砕流を根拠にして伊方原発は立地不適、の判断を下しました。

図㉜　大規模火砕流の分布範囲

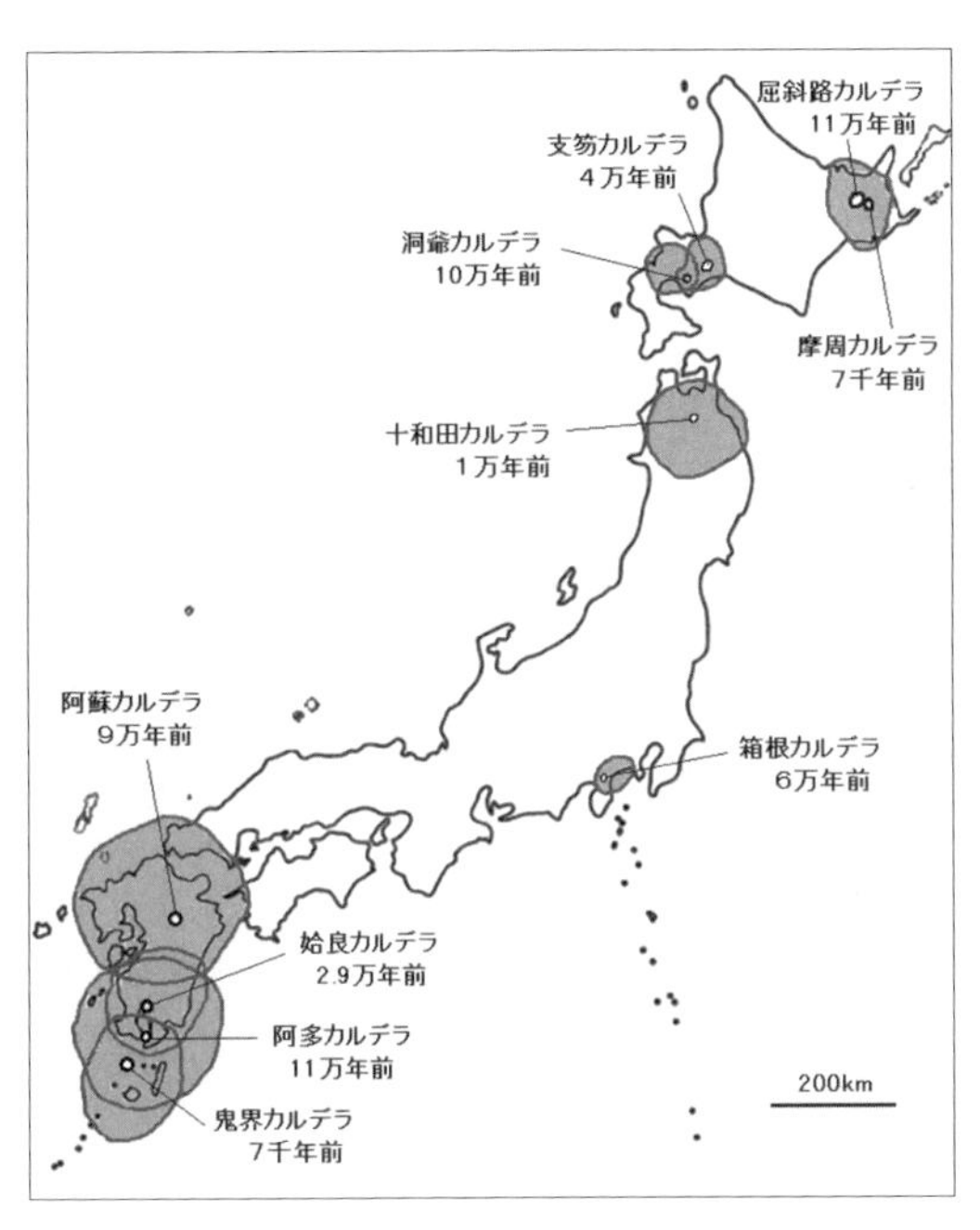

防災科学技術研究所のウェブサイトの図を元に作成

図㉜はここ10万年ほどの間に噴出した大規模火砕流の分布図です。九州や北海道、東北北部に集中していますが、このデータを特性マップに反映させると九州全域が地層処分には好ましくない範囲となります。

火砕流は地表の生態系や構造物に深刻なダメージを与えます

が、埋設作業が終了しておれば地下の核廃棄物にはほとんど影響しないと考えられます。しかし、操業中の施設を火砕流が直撃することになれば、地下３００メートルの核廃棄物まで到達することはなくても、地表にあるガラス固化体や施設が破壊され、深刻な事態に発展する恐れがあります。

大規模火砕流を噴出する巨大噴火は同じ場所（カルデラ）で何度も繰り返す傾向があります。単純に計算すると日本ではおよそ1万年に1回の頻度で発生し、最新の噴火は７３００年前に九州の鬼界カルデラで起きています。いつどこで発生するか予測は困難ですが、巨大カルデラが密集する九州全域と北海道、東北の一部地域は「好ましくない範囲」とするべきです（図㉜）。

鉱物資源（油田・ガス田、炭田、金属鉱物）

地層処分が終了して数千年、数万年も経てば、地下に埋められた危険な核廃棄物の存在が忘れ去られ、情報の伝承が途切れてしまうかもしれません。そんな状況下で未来の人たちが偶発的に地下の処分場に侵入してしまう可能性を否定することはできませんが、こうした事態は何としても避ける必要があります。地層処分とは、数千年、数万年先の未来世代の行動まで想定しなければならない難しい事業です。

もし未来の人たちが地下３００メートル以深まで侵入することがあるとすれば、それは鉱物資源の探査や採掘、地熱・温泉や地下水の利用などが考えられます。しかし、未来のある時点で採掘価値の高い地下資源とは何か、現在の私たちが判断するのはかなり難しいことです。

そこで取りあえず特性マップでは、不確実性はあるものの現在経済的に価値が高いものはできるだけ避けるという考え方で、石油・天然ガス、石炭、金属鉱物の3種類の鉱物資源を取り上げ、詳しく検討しています。ただし、石油・天然ガスと石炭については文献・データが古く、50年近い過去ののものしかないため留意が必要、としています。

その結果を見ると、石油・天然ガスは、新生代新第三紀〜第四紀の堆積岩が広く分布する地域に存在します。具体的には、関東の房総半島から下総台地、秋田県から新潟県にかけての日本海沿岸地域、北海道の石狩低地や天塩平野などが該当します。

石炭は、新生代古第三紀の地層が分布する地域に見られます。かつて炭鉱で栄えた北海道の夕張や釧路地方、東北の阿武隈地方、九州の筑豊や唐津から佐世保・天草にかけての地域が該当します。

一方の金、銀、銅、鉄など様々な金属鉱物の鉱床は日本全国くまなく存在します。しかし場所はすべて点で示されており鉱床の分布規模については不明です。具体的な処分地選定作業の際に思わぬ障害になる可能性があります。

3 地層処分に好ましい要件

ここまでは、長期に及ぶ地層処分の安全性を確保する上で障害となる地質条件「好ましくない要件」を科学的特性マップに沿って検討してきました。以下で検討する「好ましい要件」は、核廃棄物の輸送上の問題点を改善するために設定されたものです。

輸送上の制約 ～ 危険を伴う困難な輸送

強い放射能をもつ核廃棄物のガラス固化体は、再処理工場のある青森県の六ヶ所村と茨城県の東海村から最終処分場まで運ばれることになっています。その際、たとえ衝突事故や火災、テロなど不測の事態に遭遇しても放射性物質の封じ込め機能は維持されなければなりません。そこで高い安全性が確保できる特別仕様の輸送容器（キャスク）を作り、その容器にガラス固化体28本を詰め込むとしています。

その輸送容器とガラス固化体28本を合わせた総重量は115トンにもなります。しかも全部で4万本に及ぶガラス固化体を特別仕様の運搬車で運ぶとすると1400回以上（＝4万本／28本）往復する必要があり、同時に埋設される低レベルの放射性廃棄物（ＴＲＵ）３６００本を加えると、数十年以上にわたって運び続けなければならないといいます。

急峻な地形が多く人口密度が高い日本では、処分場の選定だけでなく、ガラス固化体などの運搬作業にも諸外国にはない困難を伴います。

好ましい範囲の設定 ～ 沿岸から20キロメートル程度

そこで可能な限り輸送上のリスクを下げるため、特性マップに「好ましい範囲」が付け加えられました。海岸からの距離が短いこと＝沿岸から20キロメートル程度、がそれです。

再処理工場から最終処分場まではかなりの距離が予想されますが、その距離が長くなればなるほどリスクは拡大します。人口密集度、輸送時間、事故発生率、核セキュリティーなどを考慮すると、一度に大量の核廃棄物を運搬できる船による海上輸送が最も好ましいとされます。

その場合、船から降ろされたガラス固化体はキャスクに入れたまま陸上輸送されることになります。総重量１１５トンを超える危険な荷物を数十年以上にわたって運び続けるには専用の鉄道か道路が必要です。しかも積み替え時の検査や荷役などにもかなりの時間がかかることから、陸上の輸送時間は２時間以内が好ましいとされます。運搬車両が時速10キロメートルで進むとすると、２時間×時速10

キロメートル＝20キロメートルとなり、地理的には沿岸部の20キロメートルの範囲内が好ましいことになります。そこで特性マップでは、「好ましくない範囲」（オレンジとグレー）を除く沿岸部の20キロメートルを一律濃いグリーンで表示しています。

しかし太平洋や日本海に面した沿岸部では巨大地震や大規模な海底地滑りによる津波のリスクがあります。特に太平洋側の場合、およそ数十年から150年に1回程度の周期でM8級の海溝型巨大地震が発生します。地上と地下施設の建設・操業には100年程度を要することから、こうした沿岸部の低地に処分場を建設すると、ガラス固化体の輸送時や施設の操業中に高い確率で強い揺れと巨大津波の襲来を被る恐れがあります。強烈な放射線を発するガラス固化体が損傷を受けると最悪の場合、地域一帯に放射能汚染が広がり処分場の閉鎖に追い込まれかねません。

こうしたことを考えると、2011年の東日本大震災で津波の被害を被った地域や南海トラフ巨大地震で津波の襲来が予測されている地域などを含め沿岸部の20キロメートルが一律に「好ましい範囲」として濃いグリーンで塗られていることには問題があります。仮に防壁などによって処分場への津波の侵入を防げたとしても、核廃棄物を積載した輸送中の船や運搬車がダメージを受ける可能性は否定できません。輸送・操業時のリスクを考慮して「好ましくない要件」の1つに津波浸水想定域を追加し、該当する地域を沿岸部20キロメートル圏の「好ましい範囲」から除外すべきです。

4　科学的特性マップで考慮されなかった要件

科学的特性マップでは核廃棄物の処分地には好ましくない要件として、火山や断層、隆起・侵食など8つの事柄を取り上げ検討しています。しかしこれまで見てきたように、その具体的な基準や判断には多くの疑問や問題点がありました。

さらに問題なのは、特性マップの要件には地下水や地層岩石の種類、地質構造など、地層処分の適否に影響を与える項目が含まれていないことです。文献調査への応募があればさらに詳しい調査を通してこれらの項目も具体的に検討されていくにしろ、各自治体や国民はまずこの特性マップを1つの判断材料にして地層処分の問題を考えます。詳しい調査をするまでもなく明らかに好ましくないと思われる地域をグリーンの「好ましい特性が確認できる可能性が相対的に高い地域」として示すべきではありません。以下、特性マップで考慮されなかった要件について考えます。

地下水

地下の処分場にとって最も深刻な問題の1つが地下水です。地下水は放射性廃棄物の閉じ込め機能を損ない、有害な放射性物質を地表にもたらして環境を汚染させる危険性があります。科学的特性マップでは様々な要件に関連して地下水の問題が検討されてはいますが、独立した要件として地下水の項目はありません。地下３００メートル以深の地下水についてのデータに乏しく、その替わりになるようなデータもないのが理由だと思われます。

地下水の実態把握や制御の難しさは福島第一原発事故後の汚染水の問題からも明らかです。実際に坑道を掘り進めてみないと分からないのが実情です。一般には地下深くなるほど圧力が高くなるため地下水の流れは遅くなるとされますが、地下３５０～５００メートルまで試験掘削をした幌延深地層研究センター（泥岩層）や瑞浪超深地層研究所（花こう岩）のいずれでも地下水の湧出があり対策に追われました。

地層処分に取り組む諸外国と比較して日本は地下水が豊富な国土です。1年を通して雨が多いうえに、水を通しやすい砂礫や火山砕屑物などからなる比較的新しい堆積岩が多く、地層の構造も複雑で断層や割れ目が多いため地下水が滞留、移動しやすいのです。

地下３００メートル以深であっても地下水の湧出のない岩盤を見つけることは、日本の国土ではかなり難しいように思われます。また10平方キロメートル近い地下処分場と２００～３００キロメートルに及ぶと見込まれる坑道の建設そのものが地下水の流れを変え、湧出量を増やす原因ともなり得ます。地下水の問題は地層処分にとって非常に困難で深刻な問題です。

海面上昇（海進）

次は海水準変動といわれる問題です。この問題は第4章でも取り上げましたが、最近の研究では第四紀（258万年前〜現在）には細かく検討すると氷期と間氷期を101回も繰り返したことが分かってきました。おおよそ2万〜3万年周期で気候が大きく変化しており、この先10万年の間にも氷期―間氷期のサイクルを数回程度繰り返すと予測されます。

氷期には海水の量が減り海面が低下して海退が起きるため侵食作用が激しくなります。このことは特性マップでも好ましくない事柄の1つとして「隆起・侵食」の要件で取り上げられ、一定の検討がなされています。しかしもう一方の間氷期には海水の量が増えて海面が上昇し内陸部に向かって海が侵入しますが（海進）、特性マップではまったく検討されていません。

もし海面が上昇して処分地まで海が進出してくると、地下の施設まで海水が浸入する危険性が高まります。周囲の岩盤と所どころに設置される蓋や埋め戻し層との間の隙間を通って直接海水が染み込んだり、別の場所から浸入したりする可能性が考えられます。先に述べたように、私たちは地下水の制御の難しさは福島第一原発の事故で経験しています。

海水の場合は淡水と違ってその影響はより深刻です。緩衝材として使われるベントナイト粘土はよりいっそう劣化が進み、ガラス固化体を入れた鉄合金のオーバーパックは腐食が激しくなります。海面上昇による処分地の沈水は、処分場の長期安定性に大きな脅威となる恐れがあります。

地球の温暖化が進み、南極やグリーンランドの大陸氷河がすべて溶けてさらに海水が膨張すると、海水面は約70メートル上昇すると見積もられ、日本列島のかなりの部分が水没します（図⑱、84ページ）。沈水予測域の推定には地域ごとの地盤の隆起量や沈降量を考慮する必要がありますが、その影響がさほど大きくない地域では地形図の等高線から予測可能です。そこで海水準と地盤の変動に加え津波や高潮なども考慮して少し余裕をもたせ、海抜100メートル以下の沿岸地域を沈水（海進）による「好ましくない範囲」とするなどが考えられます。

急激な地殻変動

2011年に発生したM9・0の東北地方太平洋沖地震では次々と想定外のことが起き、科学や技術の限界が誰の目にも明らかになりました。

海溝付近の海底が南東方向に50メートルにわたってずれ動いたこともその1つです。東日本全体も沈降しながら大きく東へ移動し、震源に近い牡鹿半島では5メートル移動（図㉝）。同時に1メート

図㉞　東北地方太平洋沖地震の上下変動　　**図㉝　東北地方太平洋沖地震の水平変動**

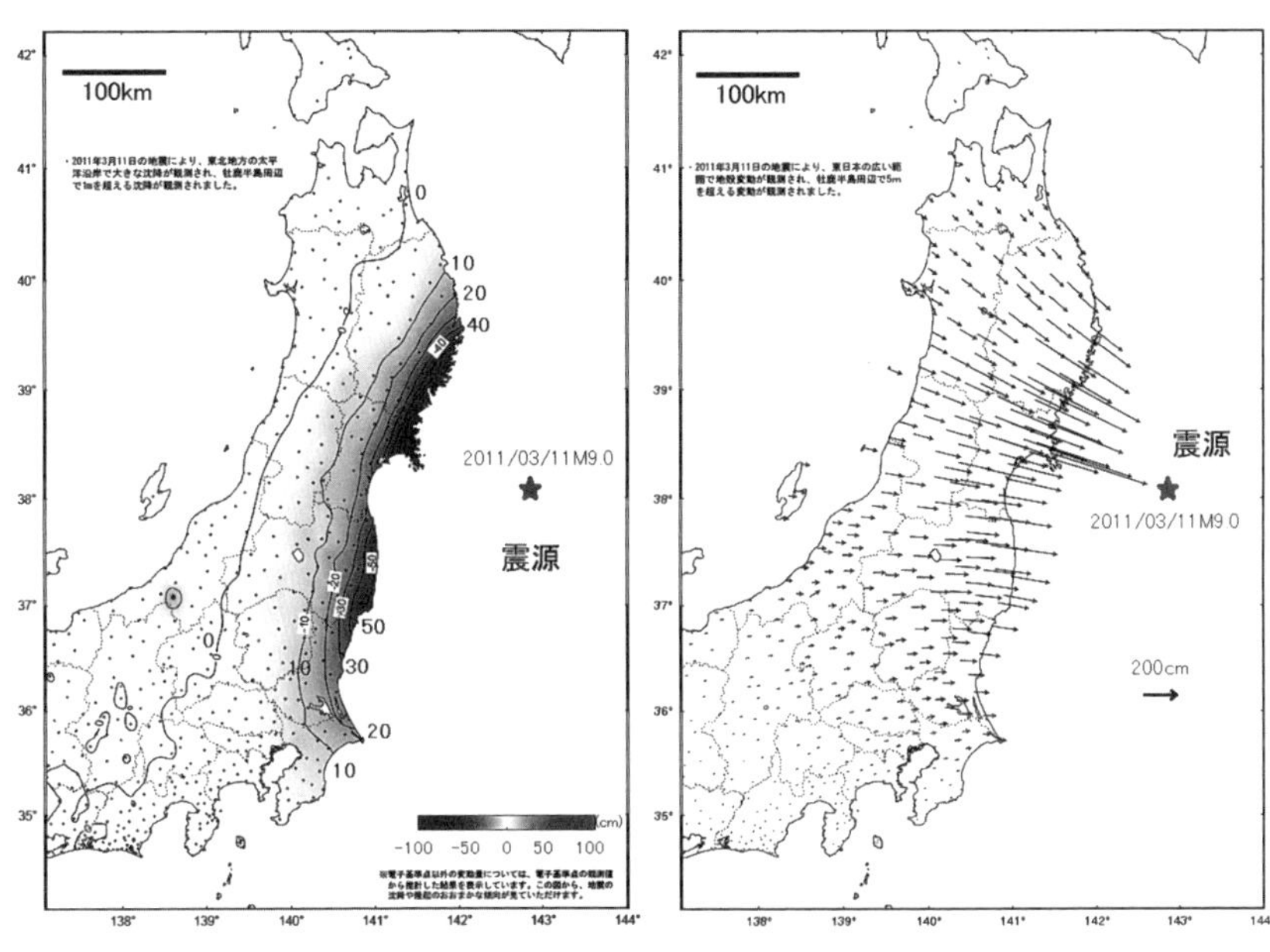

国土地理院の図を一部改変。数字は沈降量（cm）を示す

国土地理院の図を一部改変

ル沈降しました（図㉞）。その後、半島の沈降は隆起に転じましたが、水平方向には同じ変動が続き、10年で6メートルを超えています。

　こうした地殻変動は、ここ20年ほどで全国くまなく整備されたGPS観測網や観測衛星「だいち」などによって詳細に捉えられるようになってきました。それ以前のことについてはよく分かっていませんが、おそらくM9クラスの超巨大地震は過去にも繰り返し発生し、同じような地殻変動を繰り返してきたと思われます。

　第4章でも検討しましたが、もし超巨大地震が東日本の日本海溝や西日本の南海トラフで1000年に1回程度の割合で発生すると仮定すると、10万年間にそれぞれ100回程度発生することになります。地震のたびに急激な地殻変動が繰り返されると地下の処分場への影響が懸念されます。超巨大地震による地殻変動が大きいと思われる北海道から九州にかけての太平洋沿岸地域では慎重な検討が求められます。

活褶曲

特性マップでは地層処分に好ましくない地質構造として活断層が取り上げられています。断層運動による処分場の破壊や地下水の変化が懸念されるからです。

同様に活褶曲(かっしゅうきょく)とよばれる地質構造にも注意が必要です。活褶曲は2004年の新潟県中越地震(M6・5)の際に地震との関係で注目されました。活褶曲とは第四紀に入ってからも活動を続けている褶曲(地殻にはたらく強い力によって地層が波状に曲がること)、現在も変形を続けている褶曲のことです。その活動の実態はまだ十分には分かっていませんが、この先10万年の地層の安定性を考える際、この活褶曲の存在は無視できません。活断層と同じように「好ましくない要件」に加えて検討すべきです。活褶曲は主に秋田から山形、新潟にかけて日本海沿岸部の新第三紀〜第四紀層で見られます。

地層岩石

地層岩石には様々な特徴をそなえた多種多様なものがあります。特性マップでは完新世の火山岩が火山活動の観点から取り上げられ地図に反映されていますが、岩石にはこの他にも深成岩や堆積岩、変成岩があり、それぞれ地層処分に適・不適が考えられます。

例えば、深成岩に属する花こう岩や変成岩の片麻岩などは一般に非常に固くて変形しにくく、地層処分に適した岩石と考えられます。実際にフィンランドやスウェーデンではこうした岩石からなる岩盤が処分場に選ばれました。日本では瑞浪の超深地層研究所が花こう岩を対象にして地層処分の調査・研究を行っています。

また堆積岩の頁岩(けつがん)や泥岩は、粒子が非常に細かいために水を通しにくく、含まれる粘土鉱物は放射性物質を吸着するなど地層処分に適した岩石と考えられます。北海道幌延の深地層研究センターではこの泥岩層を対象にした調査・研究が行われています。

一方で地層処分には好ましくない地層岩石もあります。例えば、まだ十分には固まっていない砂岩・礫岩や泥岩、火山灰などです。特性マップではこれらは「未固結堆積物」として好ましくないと判断し除外されています。しかしこれ以外の種類の地層岩石については検討されていません。

変成岩の中には、かんらん岩から変化した蛇紋（じゃもん）岩があります。この岩石は結晶に水成分を含むため、軟らかく崩れやすい性質があります。そのため蛇紋岩からなる場所は変形しやすく、時に地すべりを起こすなどの特性があり、地層処分には向きません。蛇紋岩は若狭湾沿岸から中国山地にかけて東西に細長く延びる舞鶴帯とよばれる地域（図㉑、95ページ）や北海道の様似（さまに）町から北に延びる日高山脈などで見られますが、これらの地域は特性マップでは「好ましい範囲」と見なされています。

また同じ変成岩の中に、一定の方向に割れたり剥がれたりしやすい性質をもつ結晶片岩とよばれる岩石があります。この岩石は四国中央部から紀伊半島を横切って関東北部にかけて細長く分布する三波川（さんばがわ）変成帯（図㉑）や北海道の日高山脈に沿って細長く延びる神居古潭（かむいこたん）変成帯とよばれる地域に広く見られます。こういう変成帯もまた処分場には好ましくないと思われます。

さらに日本は複雑な地質構造をもつ変動帯、火山帯に位置し気温差の大きい多雨地帯にあることなどから、かなりの地層岩石が風化変質を被っています。特に熱水変質を受けると元の岩石が何であったのか分からなくなるほどです。風化変質の度合いは場所により様々ですが、一般に変質が激しい場所は脆（もろ）くなることが多く地層処分には適さないと思われます（止水性があり放射性物質を吸着する粘土などに置き換わっている場合は地層処分に好都合となる可能性もある）。

図㉟　若狭沿岸部（上）と九州東部（下）の 20 万分の1地質図

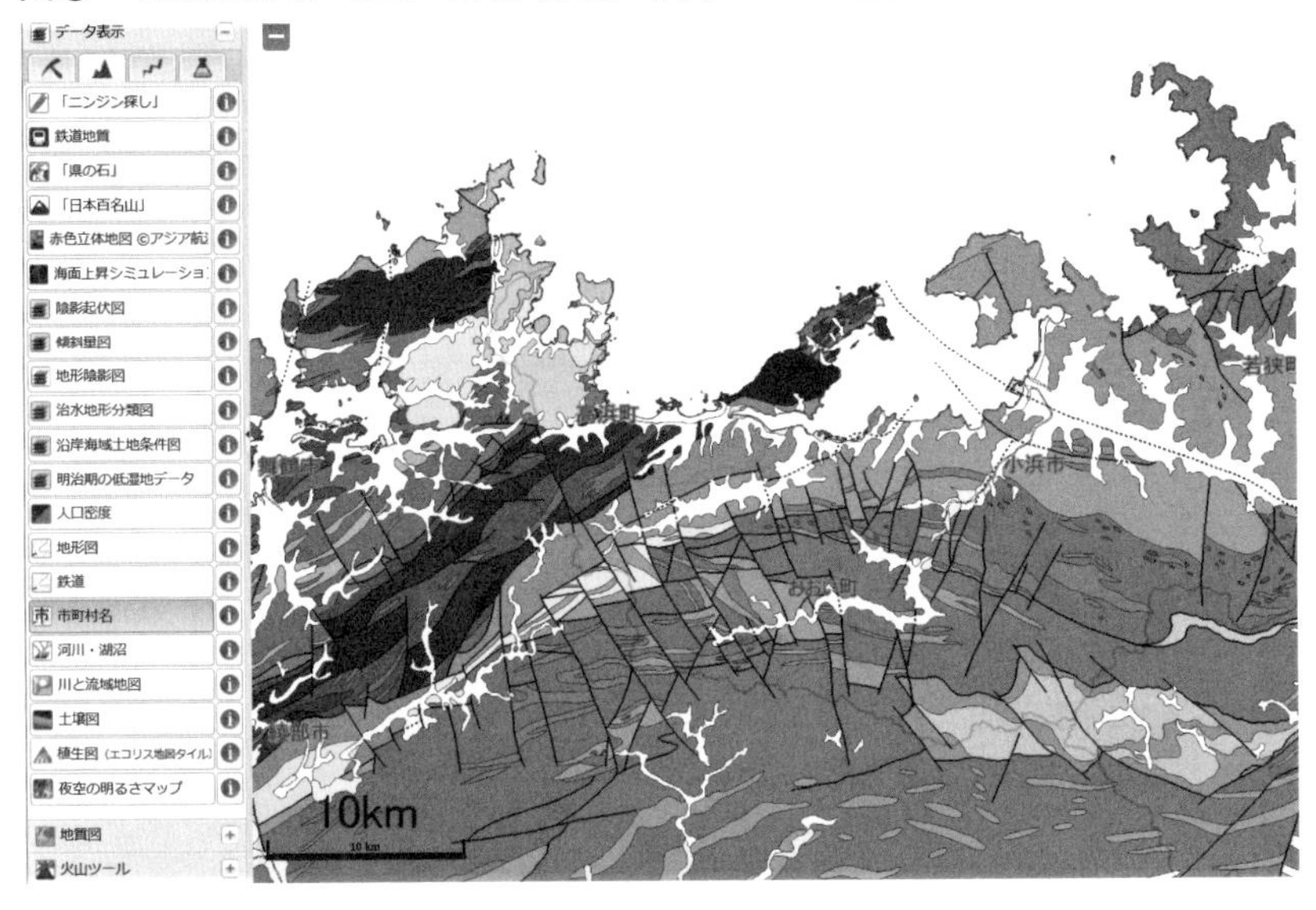

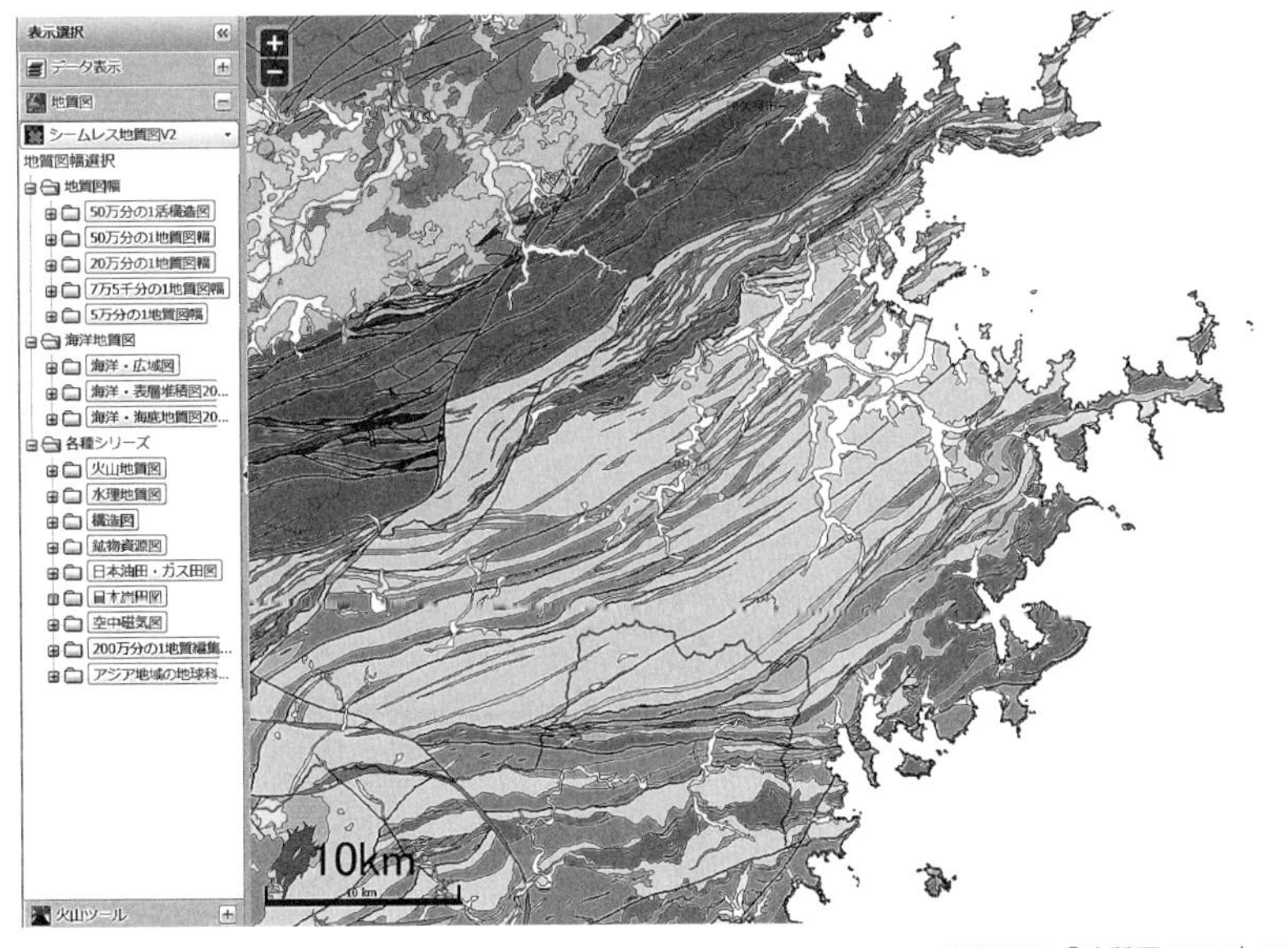

産総研の「地質図 NAVI」で作成

地質構造

地層処分では6〜10平方キロメートル程度の安定した地下地盤が必要とされます。非常に複雑な成り立ちと地質構造をもつ日本列島で、はたしてこの程度の広さをもつ安定した地下空間が見つかるでしょうか。

図㉟の地質図は科学的特性マップを作成する際に利用された産総研の「20万分の1シームレス地質図」から、若狭湾と九州東部の沿岸部を抜き出したものです。

およそ50×40キロメートルの範囲に複雑な地層や断層が示されていますが、同じ地域をより詳しい5万分の1の地質図で見ると、地層はさらに細かいユニットに分かれ、断層の本数が増えるなど、極めて複雑な地質構造をしていることが分かります。これらの地域で地層処分に適した10平方キロメートルの安定な地盤を確保するのはかなり難しいと思われます。しかし特性マップでは両地域ともに「好ましい特性が確認できる可能性が相対的に高い」「輸送面でも好ましい」地域として濃いグリーンで塗られており、活断層を除く地質構造については考慮されていないことが分かります。

産総研のウェブサイトで「地質図NAVI」を使って日本各地の地質を調べると、ここで取り上げた2つの場所に限らず、非常に複雑な地質構造をもつ地域が多いことが見て取れます。地層処分に適

図㊱　7300年前の鬼界カルデラ噴火の火砕流と降下火砕物の分布

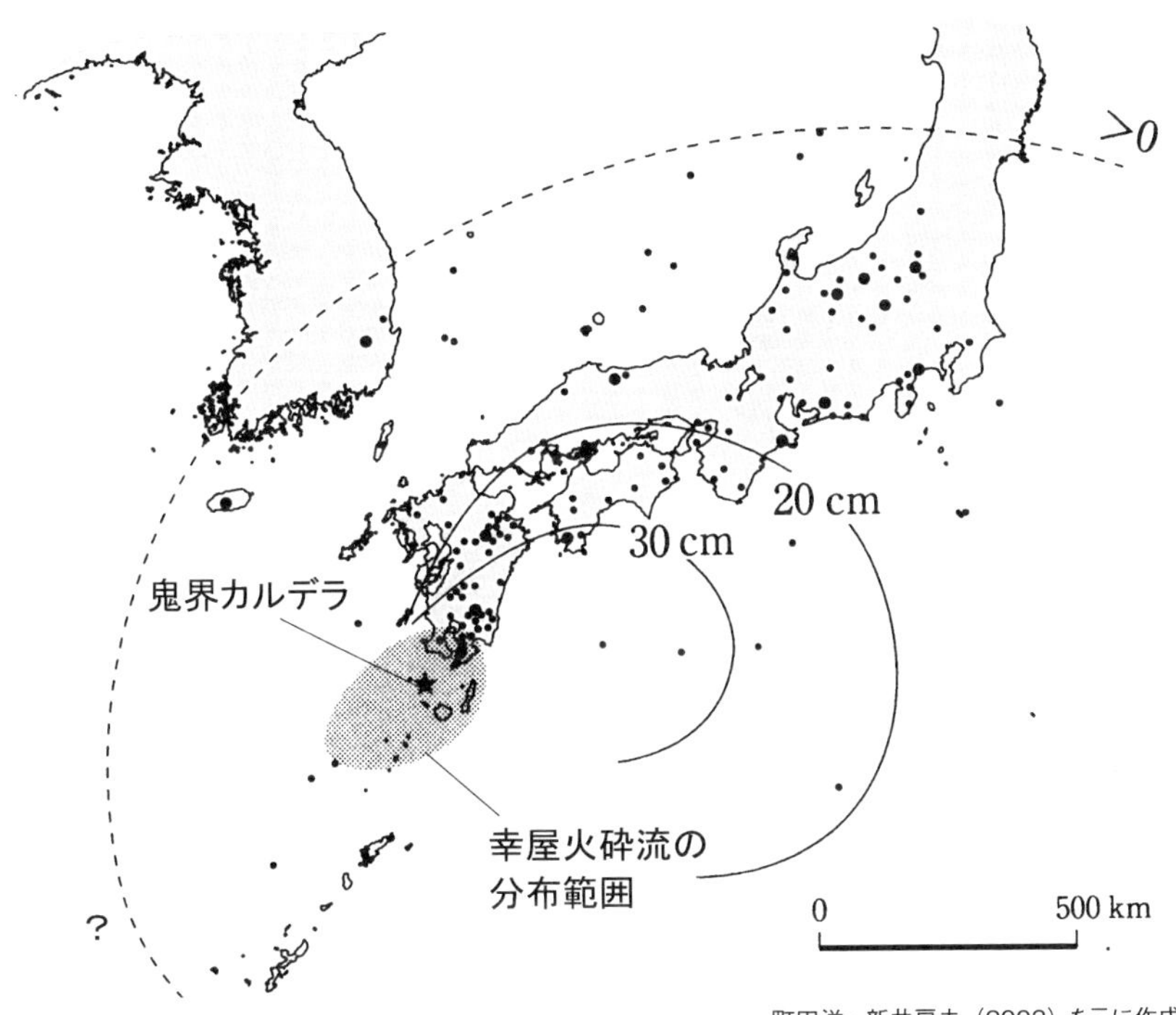

町田洋・新井房夫（2003）を元に作成

した地質構造の単純な地域を選ぼうとするとかなり限られてきそうです。

広域火山灰

あまり知られていない深刻な自然現象の1つに、日本の広い範囲にわたって降り積もる広域火山灰があります。7300年前に起きた南九州の鬼界カルデラの巨大噴火では、火砕流だけでなく空から雪のように降り積もる火山灰が深刻な環境破壊をもたらしました。鹿児島では火山灰の厚さが50センチメートルから1メートルにも達して当時の縄文集落を壊滅させ、森林の再生をはじめとする生態系の回復にはおよそ600年の歳月を要したと推定されています（図㊱）。高度に発達した現代文明はわずかな火山灰に対しても極めて脆弱です。

日本の広域に火山灰を降らせる巨大噴火は、私たちが経験する通常の噴火とは異なる桁外れに激しい噴火ですが、滅多に起きるものではありません。その頻度はおよそ1万年に1回程度とされますが、もし九州で発生すれば偏西風に乗って東の方へと流される大量の火山灰が日本列島を広く覆い、日本全体が壊滅的な被害を受けると考えられます。

この火山灰は火砕流の場合と同じように、核廃棄物の埋設作業が完了していれば直接の影響はないと思われます。しかし操業中の場合は極めて深刻です。電気や水道、道路や港など地上のすべてのインフラが機能不全に陥り、核廃棄物の安全確保ができなくなる恐れがあります。

巨大噴火はいつか必ず発生する現象です。単純に計算すると、100年かかる操業期間中に巨大噴火が発生する確率は、10000分の100＝100分の1（1％）、となり決して無視できるものではありません。巨大噴火を起こす可能性のあるカルデラや火山からできるだけ遠く離れた地域を選ぶなど、広域火山灰にも留意した処分場が望まれます。

地形

特性マップでは、火山や未固結堆積物など特に好ましくない要件がなければ、沿岸部の20キロメートルの範囲は一律に「輸送面でも好ましい地域」として濃いグリーンで塗られています。

しかし具体的に検討すると、リアス式海岸の三陸地方や熊野灘に面した紀伊半島などでは険しい山が海まで迫り、平地に乏しく「輸送面でも好ましい」とはとても言えそうにありません。輸送船のための港湾施設や道路、処分場の地上施設の建設もままならない場所が多く見受けられます。

地形図をチェックすれば簡単に分かることですが、日本にはこうした沿岸部がたくさんあります。一部はトンネルなどで対応できたとしても、輸送や施設面で様々な無理が予想される急峻な沿岸部を「輸送面でも好ましい範囲」と見なすことには疑問が残ります。

第7章　日本で地層処分は可能か

広がる処分場受け入れ拒否の自治体

日本でも諸外国と同じように、核廃棄物の最終処分を地層処分方式で行うことを法律によって定め、取り組みが進められてきました。しかしこの20年間、候補地選びの第1段階となる「文献調査」を受け入れた自治体は1つもなく、今年（２０２０年）になってようやく北海道の２町村が受け入れを始めただけで未だに候補地の目処はたっていません。

マスコミの調査によると、核のゴミの受け入れ拒否を表明している都道府県は20、条例で拒否を決めている自治体は24（２０２０年時点）、と報告されています。このうち、10市町村が科学的特性マップの公表以降に受け入れ拒否を決めており、警戒感が広がっています。

その原因の１つに政府やＮＵＭＯ、電力会社に対する国民の根強い不信感があります。原発ゼロの多数意見に耳を貸さずに強引に再稼働を推し進め核のゴミを増やす一方で、危険を伴うゴミ処分場の受け入れを求めるやり方は、合意形成どころか冷静な対話すら難しくしています。そして国民の理解を得られないまま、多額の交付金を付与して利益誘導する旧態依然としたやり方も反発を招く原因になっています。

日本学術会議は、２０１２年と15年にこうした行き詰まりの原因を分析し、社会的なコンセンサスを得るための具体的な方策を提案しました（第3章）。しかしその後の経過は、これらの提案がまったく生かされていないことを示しています。市民参加に重点を置いた「国民会議」や科学者と技術者からなる公正中立な「専門調査委員会」などを設置し時間をかけて合意形成をはかるべき、などとした学術会議の「提言」に立ち戻ることが必要です。

再稼働ありきでは議論は進まない

国民の中には原発の再稼働に反対する立場から、核のゴミ処分の議論自体を拒否する声があります。議論などを通して最終処分の取り組みに協力することは、限界を迎えつつある使用済み核燃料の保管スペース問題に解決の道を与えることになり、結果的に再稼働の推進につながる、と考えられているからです。

こうした意見が出るのは当然です。地層処分を定めた２０００年の法律では、最終処分（＝地層処分）の目的は「発電に関する原子力の適正な利用に資するため」「環境の整備を図る」ことにあるとしています（第1条）。つまり、原発の運用を適切に進めるために地層処分を位置づける、という論題になっています。

同じようなことは地層処分の事業主体であるＮＵＭＯの名称にも見られます。第1章でも紹介しましたが、NUMOとは、Nuclear Waste Management Organization of Japan の略称です。文字通り日本語に訳せば「日本核廃棄物管理機構」となるはずですが、国内向けには「原子力発電環境整備機構」の名称が使われています。核廃棄物の処分を前面に出さず、国際的に表明している組織名とはまったく異なる意味不明な名称では国民に対して何を課題とする組織なのかきちんと伝わらないばかりか、地層処分の事業を担うNUMOは原子力発電を推進しやすくするための環境整備が目的、とも受け取れます。ここには議論と合意形成を積み重ねて困難な核廃棄物の最終処分事業に国民の理解のもとで取り組むという姿勢は感じられません。また、この組織は処分が完了すると解散し、処分後に何か問題が発生しても対処しなくてよいことになっており無責任ではないか、との批判もあります。

深刻で困難な核廃棄物の処分問題に目をつぶり、後は野となれ山となれ式の無責任なやり方で再稼働を続ける政府や電力会社への不信感には根強いものがあります。再稼働によってずるずると核のゴミを増やすのではなく、きっぱりと再稼働を中止し、学術会議が提案したように核廃棄物の「総量管理」に決着をつけてはじめて、核のゴミの処分問題を国民的に議論する前提が整うことになります。

日本で地層処分は可能か

国民の合意形成を困難にしているより根源的な問題として、①日本のような複雑な地質環境下で地層処分に適した安定な場所がはたして存在するのか、②10万年にも及ぶ安全を科学的技術的に評価し保障できるのか、という問題があります。

①の問題については本書の後半で詳しく検討してきました。全体を通して考えると、地下３００メートル以深で10万年の安定が保障できる場所約10平方キロメートルを見つけるのは容易なことではないと思われます。地下水や未知の活断層の問題、複雑な地質構造に加えて絶えず伸び縮み変動し続ける大地など、日本の地質環境はあまりにも複雑です。ＮＵＭＯが主張するように「日本でも地層処分に適した地下環境が広く存在するとの見通し」があるとはとても言えそうにありません。

②の安全評価の問題も難しい課題ですが、その解決のための1つの手がかりとして、ナチュラルアナログという概念を利用した研究が進められてきました。ナチュラルアナログとは、「過去の出来事は未来を理解するカギになる」という発想のもと、地層処分で想定される人工バリアの腐食や放射性物質の漏出という問題に対してこれとよく似たプロセスをもつ自然現象と対比し、超長期な安全評価に利用しようというものです。その例として長期にわたって安定に保存されてきた化石・遺物や火山ガラス、ウラン鉱床などが取り上げられ研究されています。しかしアナログはあくまで類似性であって最終処分場として選ばれる場所の10万年に及ぶ未来の安全を保障するものではありません。

私たちは２０１１年の東日本大震災で想定外の現実を目の当たりにして科学技術の限界を思い知ら

されました。すぐ目の前で起きることも予測できなかった私たちに10万年の安定と安全をきちんと評価するのは極めて困難、と言えます。

果たして複雑な地質構造をもつ変動の激しい日本で安全な地層処分は可能か、専門家の間でも意見が分かれています。現在の科学技術の到達点からすると多くの人が納得するような答えは当面得られそうにありません。

学術会議の「提言」を受け入れ「暫定保管」でモラトリアムを設定する

地層処分の性急な候補地選びはいったんストップすべきです。そして学術会議の「回答」「提言」にあるように、科学的、技術的、社会的な問題も含めて、十分な国民的コンセンサスが得られるまで50年程度を目処に、地上または地下浅所で乾式保管することが望ましいと思われます。当然、核のゴミを増やすばかりの原発の再稼働は中止、が前提です。

ちなみに空冷の乾式保管は、湿式保管のように電気を使って水を循環させる必要がないため維持管理がしやすく、地震や津波、降下火山灰など不測の事態による電源喪失の心配もなく比較的安全な保管方法とされます。

50年はモラトリアム（猶予）の時間です。核廃棄物に含まれる半減期の長い放射性物質を半減期の短い物質に変える核変換技術の研究開発が理化学研究所などで進められていますが、この期間に一定の目処が付けられるかもしれません。もしこの技術が成功すれば困難が多い地層処分の規模を大幅に縮小し、場合によっては地層処分に頼る必要はなくなります。たとえうまくいかなくても、この期間に地層処分の技術開発や地層の長期安定性評価に必要な地質学的知見も飛躍的に進歩し、より信頼性の高い地層処分が可能になると期待されます。またこの期間中に最終処分についての国民的な理解と議論を深め、合意形成を積み上げることもできます。遠い未来の世代にまで重大な影響を与えかねない深刻な問題を、時の政府や電力会社の都合を優先して拙速なやり方で進めてしまってはなりません。

おわりに

本書の原稿をほぼ書き終えた２０２０年8月、北海道寿都町の町長が最終処分場選定のための文献調査に応募することを表明しました。高知県の東洋町以来、13年ぶりの正式応募です。報道によると、その理由として文献調査を受け入れれば２年間で最大20億円の交付金が出ることを強調。新型コロナウイルスの感染拡大によって地域経済が打撃を受け、税収入が年２億円ほどの町財政に将来不安がある、などとされています。

さらに10月には、近隣の神恵内村もＮＵＭＯからの申し入れを受けて文献調査の受諾を決定。村長はその理由に隣の泊原発の交付金を受けてきた立地地域として、「『トイレなきマンション』といわれる原発のトイレをつくらなくてはならない」、「交付金目当てではなく過疎化少子化に対する振興策も必要」などとしています。また一方で村の商工会が応募検討を求める誓願を村議会に提出するなど、調査受け入れによる交付金への期待も覗(のぞ)かせています。

しかし、北海道にはすでに「核抜き条例」があり核のゴミは受け入れがたい、として北海道知事は両町村に対して条例遵守を求めています。さらに地元住民や周辺の自治体首長、漁協、観光業界などからも反対や懸念の声が出され、合意形成にはほど遠い状況にあります。しかしそれにもかかわらず、NUMOは11月から文献調査を開始しました。応募、受諾の表明からわずか3カ月、1カ月の急展開でした。

一方で同じ10月には、内閣総理大臣が日本学術会議会員6名の任命を拒否して大きな政治・社会問題に発展し、学問の自由と学術会議の役割低下に懸念が広がっています。その学術会議は第3章で紹介したように、2012年と15年の2回にわたり核廃棄物の最終処分について行き詰まっている現状を分析し、総合的・俯瞰的観点から様々な提言を行いました。その中で民主的な合意形成の積み上げの重要性を強調し、交付金で利益誘導するやり方を厳に戒めています。100年もの長期に及ぶ困難な事業を短期的な思惑で合意形成抜きに進めると、かえって混迷を深めることになりかねないからです。

ところが残念なことに、この間の動きは学術会議の提言とは正反対の方向に進んでおり、住民や国民の間に反対や不安の声が広がっています。まだ何も決まっていない文献調査とはいえ、今の事態は最終処分事業そのものに対する国民の不信感を増幅し、事業の妨げにならないか危惧されます。処分事業の最初のステップ文献調査に踏み込む前に、地層処分そのものについて学術会議が指摘したような幅広い国民的議論と理解が必要です。

本書は一昨年の秋に京都の市民団体「京都反原発めだかの学校」の学習会で講演し議論していただいた内容を元にしてまとめたものです。浅学の由、著者の思い違いや理解不足、研究の進展もあると思われますが、本書が地層処分について考えるきっかけや議論の一助になれば幸いです。

最後に著者にこの問題を考える機会を与えて下さった「めだかの学校」会員の山本幸市郎氏と参加者諸氏に感謝いたします。また合同出版代表の上野良治氏、亀津万里氏には大変お世話になりました。深くお礼申し上げます。

古儀君男

２０２1年5月

■主な参考文献

・今田高俊他（２０１４）『学術会議叢書21　高レベル放射性廃棄物の最終処分について』、日本学術協力財団

・「科学的特性マップ」を考える会（２０１９）『地団研ブックレットシリーズ13「高レベル放射性廃棄物」はふやさない、埋めない―「科学的特性マップ」の問題点―』、地学団体研究会

・楠戸伊緒里（２０１２）『放射性廃棄物の憂鬱』、祥伝社新書

・佐藤努（２０１４）『日本列島と地質環境』、「共に語ろう、高レベル放射性廃棄物」地域ワークショップ札幌
https://www.enecho.meti.go.jp/category/electricity_and_gas/nuclear/rw/ene/2013/document/20140125/20140125-satou.pdf

・島崎英彦他編（１９９５）『放射性廃棄物と地質科学―地層処分の現状と課題』、東京大学出版会

・土井和巳（２０１４）『日本列島では原発も「地層処分」も不可能という地質学的根拠』、合同出版

・日本地質学会　地質環境の長期安定性研究委員会編（２０１１）『地質リーフレット４　日本列島と地質環境の長期安定性』、日本地質学会

・吉田英一（２０１２）『地層処分―脱原発後に残される科学課題』、近未来社

・資源エネルギー庁「科学的特性マップ」公表用ウェブサイト
https://www.enecho.meti.go.jp/category/electricity_and_gas/nuclear/rw/kagakutekitokuseimap/

・ＮＵＭＯ（原子力発電環境整備機構）のウェブサイト　https://www.numo.or.jp/

■図版の出典

- 図①：高レベル放射性廃棄物の放射線減衰曲線。日本原子力文化財団「原子力・エネルギー図面集」
https://www.ene100.jp/zumen/8-3-9
- 図②：地層処分までの流れ。ＮＵＭＯの資料
- 図③：地下処分施設のイメージ。ＮＵＭＯの資料
- 図④：地層処分事業の流れ。ＮＵＭＯの資料
- 図⑤：瑞浪超深地層研究所と幌延深地層研究センターの位置と坑道。ＮＵＭＯの資料
写真提供：日本原子力研究開発機構
- 図⑥：フィンランドとスウェーデンの処分場の位置。国土地理院「地理院地図」
https://maps.gsi.go.jp/#5/36.104611/140.084556/&base=std&ls=std&disp=1&vs=c0j0h0k0l0u0t0z0r0s0m0f0
- 図⑦：オンカロ処分場の坑道。Ⓒ Kallerna
https://commons.wikimedia.org/wiki/File:Onkalo_2.jpg
- 図⑧：ドイツの核廃棄物関連施設と原子力発電所。『諸外国における高レベル放射性廃棄物の処分について（２０２０年版）』、資源エネルギー庁
http://www2.rwmc.or.jp/publications:hlwkj2020
- 図⑨：岩塩層に掘られたアッセⅡ処分場。Ⓒ Stefan Brix
https://commons.wikimedia.org/wiki/File:Zufuhrkammer_zu_8a_mittelaktiver_abfall.jpg?uselang=ja
- 図⑩：フランスの核廃棄物関連施設と原子力発電所。『諸外国における高レベル放射性廃棄物の処分について（２０２０年版）』、資源エネルギー庁

- 図⑪：アメリカの核廃棄物関連施設と原子力発電所。『諸外国における高レベル放射性廃棄物の処分について（２０２０年版）』、資源エネルギー庁
- 図⑫：日本地質学会が２０１１年に出版したリーフレットの表紙。『地質リーフレット４　日本列島と地質環境の長期安定性』、日本地質学会
- 図⑬：過去10万年間に起きた主な出来事。佐藤努（２０１４）『日本列島と地質環境』（スライド）、資源エネルギー庁　https://www.enecho.meti.go.jp/category/electricity_and_gas/nuclear/rw/ene/2013/document/20140125/20140125-satou.pdf

写真：防衛省のウェブサイト

https://www.mod.go.jp/e/jdf/no22/photo/photo10.html

https://commons.wikimedia.org/wiki/File:Injecting_water_into_Unit_3_of_the_Fukushima_Daiichi_Nuclear_Power_Station,_Japan.jpg?uselang=ja

イラスト：いらすとやのウェブサイト

https://www.irasutoya.com/2015/07/blog-post_861.html

- 図⑭：２０１１年東日本大震災。Ⓒ US NAVY

https://commons.wikimedia.org/wiki/File:Aerial_view_of_damage_to_Kirikiri,_Otsuchi,_a_week_after_a_9.0_magnitude_earthquake_and_subsequent_tsunami.jpg?uselang=ja

- 図⑮：フィリピン・ピナツボ火山の巨大噴火。Ⓒ NOAA

https://ja.wikipedia.org/wiki/%E3%83%94%E3%83%8A%E3%83%88%E3%82%A5%E3%83%9C%E5%B1%B1

https://ngdc.noaa.gov/hazardimages/#/volcano/53/image/686

・図⑯：地震で隆起した房総半島野島崎。Ⓒくろふね
https://commons.wikimedia.org/wiki/File: 野島崎 _-_panoramio_(5).jpg?uselang=ja
・図⑰：海面が１２０メートル低下した日本列島。産総研「地質図ＮＡＶＩ」
https://gbank.gsj.jp/geonavi/geonavi.php#5,40.292,137.656
・図⑱：海面が70メートル上昇した日本列島。　産総研「地質図ＮＡＶＩ」
https://gbank.gsj.jp/geonavi/geonavi.php#5,40.292,137.612
・図⑲：地磁気極性図。ⒸＵＳＧＳ
https://commons.wikimedia.org/wiki/File:Geomagnetic_polarity_late_Cenozoic.svg?uselang=ja
・図⑳：日本と欧州、米国東部の地質の比較。Ⓒ全国地質調査業協会連合会
https://www.zenchiren.or.jp/tikei/oubei.html
・図㉑：西日本の地質区分と付加体。山口大学理学部地球科学標本室・ゴンドワナ資料室のウェブサイト
http://gondwana.sci.yamaguchi-u.ac.jp/?page_id=4845
・図㉒：付加体のでき方。Ameba「古世界の住人」のウェブサイト
https://ameblo.jp/oldworld/entry-10942789455.html
・図㉓：日本列島　大陸からの分裂と回転。宇都宮市教育センターのウェブサイト
http://www.ueis.ed.jp/kyouzai/h27_rika/naritachi/narimain.htm
・図㉔：島弧どうしが衝突してできた北海道。木村学・他（２０１８）『揺れ動く大地〜プレートと北海道』、北海道新聞社
・図㉕：伊豆半島の衝突。伊豆半島ジオパーク推進協議会のウェブサイト
https://kk810558.sakura.ne.jp/go-west3.htm
https://izugeopark.org/about-izugeo/intro/

・図㉖：世界のプレート分布図。内閣府情報室のウェブサイト
http://www.bousai.go.jp/kaigirep/hakusho/h14/bousai2002/html/zu/zu110102.htm

・図㉗：日本付近のプレート分布図。伊豆半島ジオパーク推進協議会のウェブサイト
https://izugeopark.org/about-izugeo/intro/

・図㉘：地層処分の適・不適地を示した「科学的特性マップ」。資源エネルギー庁のウェブサイト
https://www.enecho.meti.go.jp/category/electricity_and_gas/nuclear/rw/kagakutekitokuseimap/

・図㉙：科学的特性マップの要件と基準。資源エネルギー庁のウェブサイト
https://www.enecho.meti.go.jp/category/electricity_and_gas/nuclear/rw/kagakutekitokuseimap/

・図㉚：活火山の分布。産総研のウェブサイト
https://gbank.gsj.jp/volcano/cgi-bin/map.cgi

・図㉛：日本の活断層の分布図。松田時彦（１９９５）『活断層』、岩波新書

・図㉜：大規模火砕流の分布範囲。防災科学技術研究所のウェブサイト
https://dil.bosai.go.jp/workshop/03kouza_yosoku/13bakuhatu_fg13_02.html

・図㉝：東北地方太平洋沖地震の水平変動。国土地理院のウェブサイト
https://www.gsi.go.jp/common/000198040.pdf

・図㉞：東北地方太平洋沖地震の上下変動。国土地理院のウェブサイト
https://www.gsi.go.jp/common/000198047.pdf

・図㉟：若狭沿岸部と九州東部の20万分の1地質図。産総研「地質図ＮＡＶＩ」
https://gbank.gsj.jp/geonavi/

・図㊱：７３００年前の鬼界カルデラ噴火の火砕流と降下火砕物の分布。町田洋・新井房夫（２００３）『新編火山灰アトラス　日本列島とその周辺』、東京大学出版会

[著者紹介]

古儀君男（こぎ・きみお）

1951 年生まれ。元京都府立高等学校教諭。金沢大学大学院理学研究科修士課程修了。専攻は地質学、火山学。

海外の自然遺産や地質の名所を訪ね歩き、地震や火山、地質などをテーマにした学習会を行うなど、「地学」の普及に努める。

著書に『地球ウォッチング２～世界自然遺産見て歩き』（本の泉社)、『火山と原発』（岩波ブックレット)、『地球ウォッチング～地球の成り立ち見て歩き』（新日本出版社)、『写真で見る京都自然紀行』（共著、ナカニシヤ出版)、『新・京都自然紀行』（共著、人文書院)、『京都自然紀行』（共著、人文書院）などがある。

装　幀 — 守谷義明＋六月舎
本文組版 — 本庄由香里（GALLAP）

核のゴミ

「地層処分」は10万年の安全を保証できるか?!

2021年6月15日　第1刷発行

著　者　古儀君男

発行者　坂上美樹
発行所　合同出版株式会社
東京都小金井市関野町 1-6-10
郵便番号　184-0001
電話 042-401-2930
振替 00180-9-65422
ホームページ　https://www.godo-shuppan.co.jp/
印刷・製本　恵友印刷株式会社

■刊行図書リストを無料進呈いたします。
■落丁・乱丁の際はお取り換えいたします。

ISBN 978-4-7726-1464-1　NDC 455　210 × 148